超圖解

財務風險管理
評估投資收益與風險的決策天平
Financial Risk Management

宋明哲、林旺賜 著

在瞬息萬變的市場，合理權衡報酬與風險。

五南圖書出版公司 印行

序言

在全面性風險管理 (EWRM/ERM: Enterprise-Wide Risk Management) 架構下，風險分成戰略風險、財務風險、作業風險與危害風險。本書所說明的是財務風險管理，其他戰略風險管理、作業風險管理與危害風險管理等三類風險管理，依市場需求再陸續進行撰寫。

其次，財務風險常被誤認為金融保險業獨有，其實不然，因它同時也存在於科技等非金融保險業。有鑑於此，讀者請留意，如無特別說明，本書是以風險屬性為立場撰寫，而不是以行業角度撰寫的。

最後，本書由宋明哲博士與林旺賜博士耗時一年完成。當然，書中任何謬誤處，敬請各高明方家不吝指正。

宋明哲 PhD, ARM
林旺賜 PhD, PA-CRP
謹識於台灣頭份、桃園
2022/12/25 聖誕節

目錄

2 案例學習篇 215

理論知識篇

Chapter 1

風險管理與財務風險管理

1-1 風險管理概論

從全面性風險管理 (ERM/ EWRM: Enterprise-Wide Risk Management) 的觀點來說，任何團體組織（所有公私部門）面對的風險可分四大類，那就是戰略風險 (Strategic Risk)、財務／金融風險 (Financial Risk)、操作／作業風險 (Operational Risk)，與危害風險 (Hazard

Risk)。顯然，財務風險管理 (Financial Risk Management) 是風險管理的一部分。因此，認識財務風險管理之前，有必要先了解，什麼是風險管理？

一、風險管理的涵義、理由與性質

簡單地說，風險就是未來的不確定性，或以數理概念來說，風險就是未來預期結果（例如：預期損失、預期報酬等）的變異（本書採多元風險理論中的保險與財經領域的風險理論）。風險管理則是根據目標，認清自我，連結所有管理階層，辨識分析風險、評估風險、回應／應對風險、管控過程、評估績效，並在合理風險胃納 (Risk Appetite) 或風險容忍度 (Risk Tolerance) 下完成目標的一連串循環管理的過程。

風險管理性質上，是以財務為導向的交叉跨領域學科，它有別於安全管理與其他類似的名詞（例如：危機管理等），而其終極目標則是藉由降低交易成本與減少投資失誤，增進與提升組織價值或公共價值（這也是管理風險的理由）。

二、風險管理的國際準則、基礎建設與全面性流程

1. 風險管理的國際準則。例如：ISO[1] 31000、COSO[2] 全面性風險管理

---

1 國際標準組織，International Organization for Standardization 的縮寫。

2 美國贊助者委員會，The Committee of Sponsoring Organizations 的縮寫。

標準等。

2. 行業別的政府監理規範。例如：銀行業的 Basel 協定、保險業的 Solvency II 等。

3. 風險管理五大基礎建設。這五項基礎建設分別是：風險管理文化、風險管理資訊系統、風險管理組織架構與職責、大數據與資料分析，與人員的風險管理能力（詳細內容可參閱拙著《超圖解風險管理》第 5 章）。

4. 風險管理的全面性流程。(1) 戰略環境檢視：風險管理的實施，首先就要從戰略上了解與檢視影響組織團體的內外部環境因子。(2) 組織治理、風險管理目標與政策：風險管理的終極責任畢竟是落在組織團體的董事會或理事會，因此，組織團體的風險治理、風險管理政策與目標就極端重要。(3) 識別風險：根據政策與目標，尋找組織團體面臨哪些風險，而識別風險有許多工具可用，例如：財報分析等。(4) 分析與評估風險：可採用半定量的風險點數公式或 VaR 模型評估風險的高低，據此選擇適當的應對風險的工具。(5) 應對風險：應對風險的工具可分三大類，那就是風險控制、風險融資與風險溝通。(6) 控制與溝通：透過內部控制來控制所有風險管理流程，並重視對外的風險訊息揭露與溝通。(7) 監督與績效評估：最後，風險管理須配合內外部稽核實施監督並以各類指標評估績效，例如：RAROC[3] 等。

---

3 資本的風險調整報酬或風險調整後的資本報酬，Risk Adjusted Return on Capital 的縮寫。

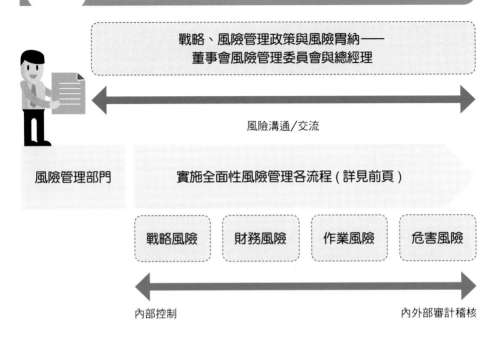

圖1-1-1 風險管理流程與組織架構

戰略、風險管理政策與風險胃納——
董事會風險管理委員會與總經理

風險溝通/交流

風險管理部門　實施全面性風險管理各流程（詳見前頁）

戰略風險　　財務風險　　作業風險　　危害風險

內部控制　　　　　　　　　　　　　　內外部審計稽核

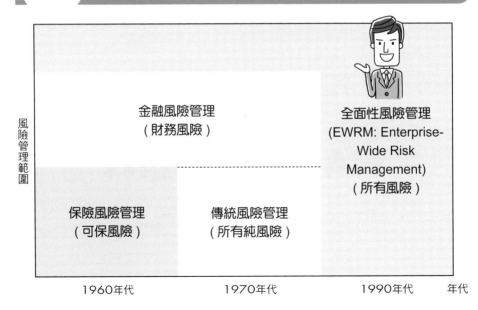

圖1-1-2 風險管理範圍的演變

風險管理範圍

金融風險管理
（財務風險）

全面性風險管理
(EWRM: Enterprise-
Wide Risk
Management)
（所有風險）

保險風險管理
（可保風險）

傳統風險管理
（所有純風險）

1960年代　　　　　1970年代　　　　　1990年代　　　年代

圖 1-1-3　多元的風險理論（詳見拙著《風險管理精要：全面性與案例簡評》第 2 章）

實證論在探求「知其然」的問題，也就是驗證「是什麼」的問題。

保險精算、財務、經濟領域的風險理論

哲學基礎——實證論

安全工程、流行病學領域的風險理論

多元的風險理論

心理學領域的風險理論

哲學基礎——後實證論

哲學領域的風險統治理論

文化人類學領域的風險文化理論

社會學領域的風險社會理論

後實證論在探求「知其所以然」的問題，也就是思考「為什麼」的問題。

動動腦

① 風險管理是像生活中的必需品，還是像奢侈品，可有可無？你的意見是？

② 風險管理的全面性，具體是指什麼？

③ 風險管理的目的是在消除風險，對不對？請說明理由。

1-2 財務風險管理的特性、發展與範圍

風險管理最早源自保險領域的保險風險管理，它主要以危害風險為管理的範疇（時約 1950 年代），而嗣後發展的財務風險管理則與其相隔約二十年。財務風險管理在 1970 年代前，可説是被輕忽的，直至布列敦森林制度 (Bretton Woods System) 結束，才開始受到重視。

一、財務風險管理發展簡史

1990 年代開始，因衍生性金融商品 (Derivatives) 使用不當（例如：英國 Barings Bank 風暴與股票指數期貨有關；美國 Procter & Gamble 風暴與交換契約有關；日本 Yakult Honsha 風暴與股票指數衍生性商品有關）而引發的金融風暴以及後續市場上的反應，促使財務風險管理有了進一步的發展。例如：G-30(The Group of Thirty) 報告的產生以及風險專業人員全球協會 (GARP: Global Association of Risk Professionals) 組織的成立。其次，保險與衍生性金融商品的整合創新，打破了保險市場與資本市場間的藩籬，新型態的財務風險管理工具陸續出現，例如：財務再保險 (Financial Reinsurance) 與電力及天氣衍生品等。而此時，新的財務風險評估工具——風險值 (VaR: Value at Risk) 的出現，更促使財務風險管理邁向新的里程碑。

二、財務風險管理的特性

財務風險來自價格或價值的波動，自然與戰略

風險、作業風險、危害風險性質迥異。根據文獻，財務風險管理數量技術成分約占九成，而其他風險管理數量技術成分相對較低。除此之外，財務風險管理的特性，作者認為至少還有如下兩點：

1. 財務資產價值相對於實質資產價值，對市場變化敏感度極高：任何組織團體的資產均會面臨價值波動的財務風險，其中財務資產價值的波動不但瞬息萬變，對市場變化極為敏感，是財務風險管理中需要特別聚焦的曝險主體，這有別於實質資產價值的波動相對穩定。
2. 財務資產的財務風險評估期間超短：風險評估除重視損失機率與嚴重性外，影響其大小的因素就是評估期間的長短。由於金融市場瞬息萬變，不確定因素眾多，對在貨幣與金融市場交易的財務資產價值影響甚大，其風險評估期間可以是未來的一天或一週等，這評估期間與實質資產的財務風險評估期間（可以是未來的一年）相比，是非常短的。

三、財務風險管理的範圍

財務風險指的是導源於未來預期價格、未來預期價值或未來預期報酬的變異，它有別於來自未來戰略不確定的戰略風險、來自未來預期損失變異的作業風險（將此風險列入財務風險管理是有待商榷的）與危害風險。財務風險管理的範圍主要包括市場風險 (Market Risk)、信用風險 (Credit Risk) 與流動性風險 (Liquidity Risk)。

表1-2-1　G-30 報告書

　　G-30 是 30 人集團的非營利國際機構 (1978-)，目的是對國際金融與經濟提供諮詢與建議。1993 年出版關於衍生性商品的研究報告，這報告就稱為 G-30 報告。該報告針對衍生性商品財務資產的使用與交易提出 20 項建議（這些建議主要與財務風險管理的頂層作為及基礎建設有關，可參閱 UNIT 1-1 與第 2 章的頂層作為），如下表。

項　　目	內容要旨
一般性政策	計一項，明確組織高層在衍生品使用與交易應扮演的角色。
市場風險管理政策	計九項，主要在明確衍生品財務資產的評價、市場風險評估的方法，與獨立的市場風險管理功能。
信用風險管理政策	計四項，主要在明確衍生品財務資產的信用曝險，與獨立的信用風險管理功能。
執行性政策	計一項，明確可執行性。
基礎建設	計三項，明確衍生品的專業技能、決策系統與授權。
會計與揭露	計二項，明確衍生品的會計處理與風險揭露。

表1-2-2　GARP 全面性風險管理綱領（全面性風險管理另有 ISO 31000、COSO 2017，與其他國際標準）

綱領 1 最佳實務政策	1. 政策要反映使命與願景。 2. 要權衡報酬與風險。 3. 要明訂風險胃納或風險容忍度。 4. 高層負責帶頭。 5. 明確風險評估模式。
綱領 2 最佳實務方法	1. 以適切模式評估與管控風險。 2. 應用組合理論評估風險。 3. 明訂員工（例如：衍生品的交易員）可接受的風險高低。
綱領 3 最佳實務基礎建設	1. 完善全面性風險管理組織架構。 2. 具備風險管理專業技能。 3. 分紅要滿足報酬與風險權衡的原則。 4. 要有支援決策的風險管理資訊系統與機制。

圖1-2-1 財務資產是代表承諾於未來某時點，分配現金流量的資產而言。實質資產包括所投資的各類商品（例如：石油等）、不動產、廠房設備等。

動動腦

1. 為何保險單也是財務資產？理由是？

2. 個人薪資的波動是不是財務風險？理由是？

3. 請比較 GARP 與 COSO 2017 全面性風險管理的要旨。

Chapter 2

財務風險管理的實施(一)——組織戰略、治理,與財務風險管理目標及政策

2-1 組織戰略、治理，與財務風險管理目標

財務風險管理的實施與組織的戰略、治理及風險管理目標息息相關。其中組織戰略與治理屬於組織整體的性質，無須就財務風險管理做獨立的說明。至於風險管理目標是可就財務風險管理另訂子目標，但此處不另訂子目標，因風險管理目標同樣可適用在財務風險管理領域。

一、戰略環境搜尋、戰略地圖與財務風險管理

組織的使命願景可透過財務構面（對私部門組織而言）或信任構面（對公部門組織而言）、顧客構面、內部管理構面與學習成長構面來完成。其中財務構面就與財務風險管理息息相關，這構面要思考的是組織要如何讓股東等利害關係人認為是成功的，因此如何透過財務風險管理機制使組織獲利，就成為財務風險管理在戰略層上要思考的重要課題。例如：就銀行業來説，財務風險管理在戰略層上要思考的是，如何增加費用收入、如何從核心客戶增加營收、如何將信用成本降至最低，與如何以加強成本效能等方式增加組織淨利。

其次，戰略管理上，不論進行何種戰略均會與長期目標、外部競爭環境與內部經營的彈性相關，影響戰略風險的各類風險因子，可分別從外部大環境、產業競爭中環境與組織小環境，加以搜尋分析。搜尋環境的變化，從變

化中了解風險因子，所有環境搜尋得出的風險因子均會影響財務風險管理在戰略層的作為。

二、組織治理與財務風險管理

組織定了戰略，有了良好的治理，就可保證風險管理的品質（也包含財務風險管理的品質）。無論公司或政府治理，根源都起自代理問題 (Agency Problem)，這問題若是有滿意的答案，管理任何風險就能落實有保證。就公司來說，治理的責任在董事會；就政府來說，治理的責任在最高首長與領導機構。至於組織治理的詳細內容不另行贅述，可參閱拙著《風險管理精要：全面性與案例簡評》以及《超圖解風險管理》。

三、財務風險管理目標

追求組織價值（公司價值或公共價值）是風險管理的終極目標。細分有戰略目標、經營目標、報告正確目標，與法令遵循目標。其次，亦可分損失前 (Pre-Loss) 目標，例如：節省經營成本；損失後 (Post-Loss) 目標，例如：維持生存。所有這些風險管理的目標均可看成是財務風險管理的目標，因財務風險管理上，同樣需戰略思考，同樣涉及經營層，同樣需正確報告與防範違法，不鑽法令漏洞。

圖2-1-1 戰略地圖（公私部門）

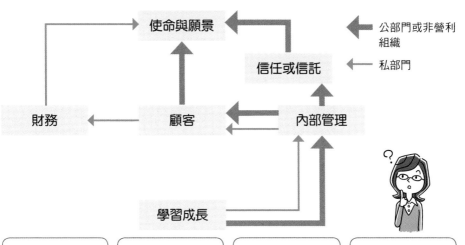

圖2-1-2 組織治理——所有權與經營權區隔

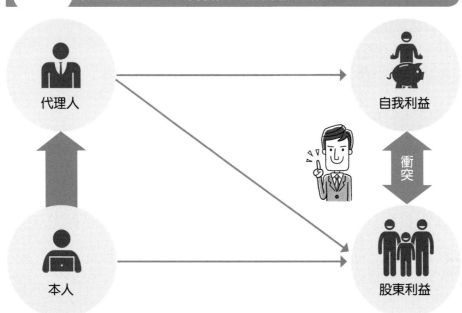

表2-1-1　代理成本表

監督成本	例如：由股東們共同負擔的會計師財報簽證費。
保證成本	例如：專業經理人為了保證會追求股東的利益，同意接受股票選擇權等非現金，當作其報酬的一部分。
調合成本	例如：專業經理人在經營上，放棄風險太高的投資機會，一來為顧及可能失敗，損及股東利益；二來深恐投資失敗，本身工作可能不保。這種本身利益與股東利益同時顧及的可能花費是為調合成本。

表2-1-2　代理成本的解決

1.	專業經理人的薪資報酬設計要與經營公司的績效掛鉤。
2.	課予專業經理人因決策錯誤損及股東利益時的法律責任。
3.	公布不良專業經理人名單，若專業經理人經營績效不彰，同樣損及股東利益，也損及其專業形象。
4.	製造專業經理人經營績效不彰時，公司可能被另一家公司購併的氛圍。

動動腦

❶ 對非上市的家族公司，組織治理能落實嗎？想想看。

❷ 同鄉閨密擔任公司獨立董事或專業經理人，你認為對組織治理有何影響？

❸ 財務風險管理在戰略層上應思考哪些問題？

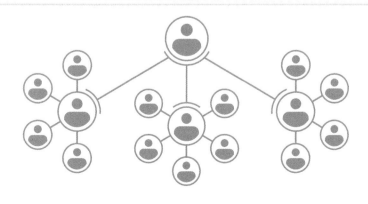

2-2 財務風險管理政策與組織

任何組織治理中，總要討論制定組織的總風險管理政策。根據總政策可再依據各類風險的特性，分別制定戰略風險管理政策、財務風險管理政策、作業風險管理政策，與危害風險管理政策。這些政策文書統稱風險管理政策說明書 (Risk

Management Policy Statement)，組織風險容忍度水平則是該文書中的核心項目。其次，實施財務風險管理需設置相關部門負責執行。

一、財務風險管理政策的制定

根據組織的總風險管理政策，可進一步另行制定財務風險管理政策（參閱下表 2-2-1），制定時應考慮的因素包括：第一、針對市場風險應考慮可能的最壞損失，殖利率曲線平行與非平行移動所可能遭受的損失，資本與風險如何配置；第二、針對信用風險應考慮授信量的多寡、何種到期期限、何種類型的客戶、信用風險分散的情形、貸款損失限額；第三、針對流動性風險應考慮傳統流動比率指標或新型流動性覆蓋率，與淨穩定資金率指標的最低可容忍水平；第四、應考慮財務風險容忍度與經濟資本的連動。其次，在財務風險管理政策說明書中，須涵蓋可能獨立設置的財務風險管理組織（參閱下圖 2-2-2），且應釐清各相關職責。同時，也應載明不同財務風險管理層級的核准權限與訂定簽名原則 (Signature Principle)。

二、風險容忍度（或稱風險胃納）的概念

組織對面臨風險可能導致的損失，能有多少容量且願意容忍多少，就是風險容忍度或可接受的程度，或稱風險胃納。能有多少容量的決定是技術與財務問題，願意容忍多少是價值問題。簡單以概念公式可表示為：$A = K_1T + K_2E + K_3SP$。這其中，(K_1T+K_2E) 是技術與財務考慮，K_3SP 是價值考慮，A 是 Acceptable 或 Appetite 的字首。K_1, K_2, K_3 是權

重，T(Technique)、 E(Economic) 是技術與財務變項，SP(Social and Politics) 是心理人文價值變項。對風險可能導致的非預期損失，風險資本可吸納、可容忍的部分，超過可容忍水平的非預期損失（或稱災難損失），則另安排風險管理對策。可容忍的水平則決定於不同信心水準下的非預期損失。

三、財務風險容忍度的決定

　　財務風險容忍度的決定，除質化方法外，量化上可先確認戰略目標（例如：長期成長率）。其次，了解財務風險對戰略目標的衝擊與組織可採用的各類應對方式後，選擇參考各信評等級違約機率，以某等級的機率作為組織最大願意忍受因財務風險事件導致的破產機率，進而收集過去報酬的歷史數據，檢視其屬於何種統計分配，再依統計方法求出組織所需的財務風險資本，該資本可當作組織財務風險容忍度的參考（或同上述過程，先決定總風險容忍度，再依財務風險占總風險的權重，決定財務風險容忍度）。最後，交由董事會討論決定。另外，如數據不足或對於新設的組織，可依經驗法則（例如：最近一年股東權益的 0.1%）決定總風險容忍度後，再依財務風險在總風險的權重，決定財務風險容忍度。

表2-2-1 財務風險管理政策說明書樣本

某某銀行
財務風險管理政策說明書
二〇二二年

一、財務風險管理政策

1. 本行財務風險管理基本政策除配合本行總體目標外，應以維持本行生存、以合理成本保障資產、維護員工與投資大眾安全為最高目標。

2. 市場風險採用風險值的可能最壞損失以五千萬為限。

3. 信用風險授信量為七千萬，一至三年期，限企業客戶。

4. 流動性風險傳統流動比率可容忍水平是 1，新型指標流動性覆蓋率 * 與淨穩定資金率 ** 的最低可容忍水平都是 100%。

5. 本年度可容忍的財務風險水平，最高以最近一年股東權益的 0.07% 為限。

二、財務風險管理組織與職責（內容除財務風險管理相關職責外，需含括核准授權與簽名原則）

1. 董事會　2. 風險管理委員會　3. 財務風險管理部門（如為獨立單位）　4. 總經理　5. 總稽核　6. 風險長　7. 財務長

* 流動性覆蓋率 (LCR: Liquidity Coverage Ratio)= 流動資產／淨現金流量
** 淨穩定資金率 (NSFR: Net Stable Funding Ratio)= 長期穩定融資／加權長期資產

動動腦

1. 甲公司財務佳，乙公司財務差，照理說，甲公司比乙公司的風險容忍度應該在任何時候都要高，對嗎？

2. 財務風險管理政策，要考慮哪些因素？

圖2-2-1 損失機率分配與總風險（指的是組合風險，並非指各類風險的加總）容忍度

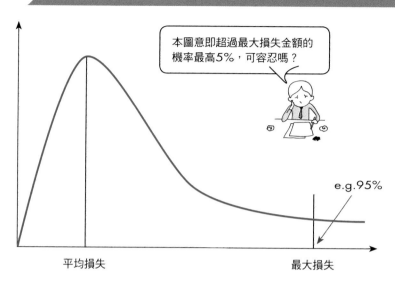

本圖意即超過最大損失金額的機率最高5%，可容忍嗎？

e.g.95%

平均損失　　　　　　　　最大損失

圖2-2-2 財務風險管理組織架構樣本

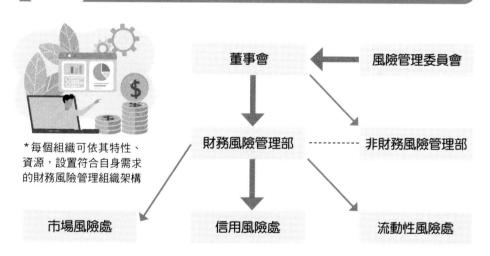

*每個組織可依其特性、資源，設置符合自身需求的財務風險管理組織架構

董事會　　　　　　　　風險管理委員會

財務風險管理部　------　非財務風險管理部

市場風險處　　　　　信用風險處　　　　　流動性風險處

Chapter 3

財務風險管理的實施(二)——
財務風險的識別與其來源分析

3-1 辨識財務風險的方法與曝險主體的類別

一、識別財務風險的方法

　　組織戰略與治理攸關財務風險管理的品質，五大基礎建設（見 UNIT 1-1）則是財務風險管理實施績效是否良好的前提。根據財務風險管理政策與目標，持續有系統地識別財務風險則是實施財務風險管理過程中，首先且重要的一步。因不知財務風險存在，就談不上如何管理財務風險。然而，很不幸的，人類知識永遠存在極限，也因此未知的未知風險 (Unk-Unks Risk) 永遠存在，這是識別任何風險必須持續的理由（當然包括財務風險）。本單元說明識別財務風險的方法與曝險主體的類別。識別風險的方法有多種（參閱拙著《超圖解風險管理》），財務風險的識別善用其中兩種即可：1.財報分析法：重要的財務報表有資產負債表、損益表、財務狀況變動表。例如：從資產負債表可辨識組織的資產和負債風險的類型與曝險金額的大小，以及組織可能破產的信用風險。再如，從損益表中，可估算未來的盈虧。從財務狀況變動表中，識別可能的流動性風險。2.特殊方法：可包括財經專家深度訪談法、觀察各類信用評等及與財務相關的指標、腦力激盪法、情境分析法等。上列單一方法的採用，都不足以完整地識別財務風險，綜合採用所有方法是上策。

二、財務風險登錄簿

　　財務風險登錄簿 (Risk Registers) 可從組織總風險登錄簿中獨立出來，因財務風險是瞬息萬變的，須分秒必爭、隨時因應，這有別於戰略風險、作業風險與危害風險。財務風險登錄簿主要在描述可能的財務風險事件，所發

生的機率、發生的後果，與對組織目標的衝擊。其格式（參閱下表 3-1-1）可依組織需要設計。財務風險登錄簿亦可再依各項財務專案、各類財務風險、各部門、各類業務單位等，分別設置。對財務風險登錄簿中，發生的機率、發生的後果，與對組織目標的衝擊等，均須做初步的判斷與描述，同時對每一財務風險事件也要標註登錄日期，方便日後檢視與定期更新。財務風險登錄簿的所有訊息，可提供初步評估財務風險性質與大小的依據，進而提供組織應對／回應財務風險的參考。

三、財務風險與曝險主體

任何組織團體的資產、負債與所有人權益，都是曝險主體 (Risk Exposure)，其代表性的報表就是組織團體的資產負債表。資產會曝露在財務風險、危害風險與作業風險中，負債與所有人權益則會曝露在財務風險中。財務風險管理與其支流——資產負債管理 (ALM: Asset and Liability Management) 均攸關這些曝險主體。

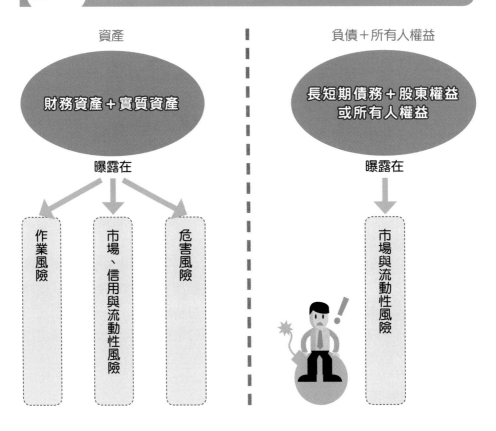

圖3-1-1　財務風險 vs. 曝險主體

資產　｜　負債＋所有人權益

財務資產＋實質資產

長短期債務＋股東權益或所有人權益

曝露在　｜　曝露在

作業風險

市場、信用與流動性風險

危害風險

市場與流動性風險

圖3-1-2　曝險主體 —— 各類資產 vs. 一般情況下，各類風險（戰略風險除外）的比重（意指對持有該類資產者的衝擊程度，參照下列「動動腦」第2、3題）

財務風險比重大／危害與作業風險比重小

財務資產（股票、債券、外匯、保險單等所有有價證券）

危害與作業風險比重大／財務風險比重小

實質資產（不動產與財務資產除外的動產）

表3-1-1　財務風險登錄簿

號碼	財務風險事件	描述	財務風險負責人	發生機率	後果	財務風險等級初判	改善方案	登錄日期

動動腦

1. 財務風險登錄簿為何需獨立設置？理由是？

2. 股價變動（財務風險）對投資者的影響，比股票被燒毀（危害風險）的影響來得大，對嗎？理由是？（假設風險間是獨立的）

3. 自用不動產被燒毀（危害風險）對持有者的影響，比不動產價格波動（財務風險）的影響來得大，對嗎？理由是？（假設風險間是獨立的）

4. 對照圖 3-1-2，再舉例說明風險比重的問題。

3-2 曝險主體——股票

　　金融保險業、一般企業與個人為了獲利，均可能投資，而投資就會伴隨財務風險。投資的標的物，大體上可分金融商品與非金融商品，或分成財務資產與實質資產，又或根據未來的收益是否確定，分成風險性資產與無風險性資產。各類不同的標的物就會在不同的市場進行買賣，這可包括貨幣市場、資本市場、商品市場、外匯市場等。本單元除保險單、負債與權益項目外，開始針對股票、債券、基金、外匯、比特幣等財務資產與實質資產等各類商品，分不同單元，簡單說明各曝險主體的性質，至於財務風險的來源與分析，留待本章最後單元說明。

一、股票種類

　　股票是權益型證券，股票市場的股價波動，自然是財務風險。股票有普通股與優先股兩種，其權益與義務各不同，普通股因是公司主權股，持有人責任大，其持有的風險就會高過優先股。供股票流通的市場主要有集中與櫃買市場。

二、股票（普通股）評價

　　股票合理價格該如何評定？這就是股票評價的涵義。股票評價有多種方法（例如：本益比法），此處採用淨現金流量折現法，此法是指一項資產的價值就是其未來淨現金流量的折現值，也就是 $P = \sum NCF_t / (1+k)^t$，P 代表價值，NCF(Net Cash Flow) 為淨現金流量，k 為折現率，通常採

用 WACC: Weighted Average Cost of Capital 或直接用市場利率，WACC 是指平均加權資金成本，資金成本有債權的資金成本與股權資金成本，兩者的加權平均即 WACC，債權的資金成本是總債息除以總負債，股權資金成本是無風險報酬＋ β 係數 ×（市場預期報酬—無風險報酬），t 為時間。對股票而言，每年股利 D 是現金流量，假設每年股利成長一定比率 g，且 k > g，那麼 $P = D_1 / (1+k)^1 + D_1(1+g) / (1+k)^2 + \ldots$。此公式經由演算最後得出 $P = D / (k-g)$ ，此公式又稱為戈登模式 (Gordon Model)，其涵義代表在其他因素不變的情況下：1. 股利愈大，股票愈有價；2. 股利成長率愈高，股票愈有價；3. 折現率愈大，股票愈無價。此外，投資股票須留意利率變動的市場風險。

三、股價指數

為了反映特定類群整體股票的漲跌，由這些類群整體股票價格計算出來的指數稱為股價指數，例如：S&P500、NASDAQ 指數等。由市值加權法（另有等額加權法與價格加權法）計算，其公式為：股價指數＝（當期總市值 / 基值）×100，股價乘發行量就是總市值，基值是基期當時全體採樣股票的總市值。

四、組合理論與風險分散

投資有風險，但 Markowitz, H. 的組合理論說明投資組合的組合風險會小於該組合內個別風險的加總，因相關性的原因，使風險可因組合而分散。可分散的風險就是非系統風險；反之，無法分散的稱作系統風險。

圖3-2-1 投資股票心法

投資股票心法

01 選擇最賺錢的股市：看 GDP 成長率與對美元的匯率

02 選擇最賺錢的產業：看未來趨勢與 β 係數（β 是系統風險係數），見資本資產定價模式：某證券預期報酬＝無風險報酬＋β 係數 ×（市場預期報酬－無風險報酬）

03 選擇成長率最高的公司股票：看公司本益比與整體產業平均本益比（本益比是股價除以每股盈餘 EPS，愈高即回收愈慢，但不代表選錯股）

04 選定好了股票就別急著賣，因心急吃不了熱豆腐

圖3-2-2 風險分散（非系統風險與系統風險）

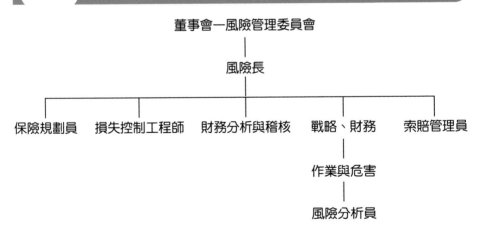

董事會—風險管理委員會

風險長

保險規劃員　損失控制工程師　財務分析與稽核　戰略、財務　索賠管理員

作業與危害

風險分析員

公式—組合理論—以兩個風險 (a 與 b) 的組合為例

1. 完全正相關 (+1)

$$\sigma_{(a+b)} = \sigma_a + \sigma_b$$

2. 完全負相關 (-1)

$$\sigma_{(a+b)} = \sigma_a - \sigma_b$$

3. 零相關 (0)

$$\sigma_{(a+b)} = \sqrt{\sigma_a^2 + \sigma_b^2}$$

4. 正常狀態（風險間的相關不是 +1、-1、0）

$$\sigma_{(a+b)} = \sqrt{\sigma_a^2 + \sigma_b^2 + 2 \times \sigma_a \times \sigma_b \times \rho_{ab}}$$

風險以標準差表示，那麼正常狀態下，兩個或多個組合的風險（例如：美元、股票，與其他的組合風險）會小於組合內個別風險的加總，這主要因風險的分散效應。組合理論的一般式如下：

$$\sigma_{(1\ldots n)}^2 = \sum_{i=1}^{n} \sigma_i^2 + \sum_{i}\sum_{j} {}_{i \neq j}\, \sigma_{ij} = 非系統風險 + 系統風險$$

動動腦

1. 股市波動與投資人心理因素是否有關？如有關，請舉例。
2. 投資股票有所謂的「麻雀戰法」，這是何意？
3. 目前投資台灣股市中的生物科技類股或金融類股，何者有利？如何選擇？

通俗地說，跟社會大眾借錢的證券就是債券。企業公司發行的債券稱作公司債，金融機構發行的債券稱為金融債，政府發行的債券就稱公債或國債。社會大眾或組織團體購買債券也是投資的一種，債券有固定收益，這點與定期存款、商業本票、結構型證券等相同，但債券有別於股票的權益型證券。

一、債券的特性與種類

對發行債券者來說，債券是負債型證券；對投資人來說，則是可定期收取利息的投資工具，即使折價購入的是零息債券，因發行人到期時還的是票面金額，其票面金額減掉折價金額就是利息（該利息可看成是到期時一次支付，並非定期支付）。零息債與有息債相比，零息債無定期配息但報酬高、風險大；有息債則定期配息但報酬相對低、風險相對小。不論是零息債或有息債，債券最重要的核心要素是票面金額、票面利率、到期日，這三要素會影響債券整體報酬，而其他支付利息方式與還本方式，只是收取時間上的差異，但不影響整體報酬。債券除有零息債與有息債之分外，另有長期債（10年以上）、中期債（1-10年）與短期債（1年以下）等其他分類。其次，債券有發行市場與流通市場之分，流通市場是投資人買賣債券的場所。投資債券則面臨市場的利率與匯率風險，以及違約的信用風險。最後，通常在一

般情況下，債券與股票間是負相關（也就是股市上漲的時候，債券是下跌的；反之，債券是上漲的），因此，債券通常被拿來當作股票的避險工具。

二、債券評價

債券到期，發行人要還錢，所以有息債券未來現金流是定期的利息（票面金額 × 票面利率）與到期還本金額（就是票面金額），而零息債券未來現金流只是到期還本金額，因此有息債券價格是利息現值加上還本金額現值，零息債券價格則只是還本金額現值，其中現值是以債券的殖利率 (YTM: Yield to Maturity) 折現。殖利率是影響債券價格的關鍵因素，它是指債券的實質報酬率，市場利率則是影響殖利率的關鍵因素（另有其他因素，例如：信評等級改變），因此，市場利率漲，殖利率跟著漲，債券價格則跌；反之，市場利率跌，殖利率跟著跌，債券價格則漲。

三、市場利率與存續期間

依上述，顯然，市場利率會影響債券價格，而其影響的敏感度就稱為存續期間 (Duration)，存續期間也可說是持有債券的平均回本時間，亦即投資人買了債券後，以總現金流來回收債券本息所需要的時間，以「年」為單位，採加權平均計算（見下表 3-3-1）。影響存續期間的關鍵要素是債券的到期日（到期日愈長，存續期間愈長）、票面利率（票面利率愈高，存續期間愈短，因為領的利息愈多，回本時間愈短），與到期殖利率（到期殖利率愈高，存續期間愈短，因為收益率高，回本速度快）。

表3-3-1 麥考利存續期間 (Macaulay Duration) 的計算

它是由 Frederick Macaulay 在 1938 年所提出。假設某債券票面金額是 10,000，票面利率 3%，年配息 1 次，三年後到期，到期殖利率是 4%。

年度	現金流	現金流現值	現金流占債券現值的比例	加權時間
1	300	288.46	0.029(288.46/9722.48)	0.029×1=0.029
2	300	277.36	0.028(277.36/9722.48)	0.028×2=0.056
3	10,300	9,156.66	0.941(9156.66/9722.48)	0.941×3=2.823
加總		9,722.48	1 （因小數取捨關係）	2.908 （因小數取捨關係）

表中 2.908 表示存續期間；換言之，投資人回收債券本息所需要的時間是 2.908 年，這也表示市場利率漲 1%，債券價格預估會下跌 2.908%。另一種是修正存續期間 (Modified Duration)。修正存續期間計算公式是用麥考利存續期間算出來的數字 /（1+到期殖利率 / 年配息次數）（也就是 2.908/(1 + 0.04/1) = 2.796，這代表如果市場利率上升 1%，債券價格預估會下跌 2.796%）。

圖3-3-1 免疫策略

市場利率上升　　債券價格上升
（票息再投資
收入減少）

債券價格下跌
（票息再投資收入增加）

市場利率下跌

從圖 3-3-1 知，市場利率變動產生的債券價格風險與票息再投資風險可以互相抵銷，那麼投資人如果透過流通市場的買賣，調整債券投資組合的存續期間，使其與投資期限相同，就可免除利率變動的影響，此即免疫策略。

圖3-3-2　債券價格與殖利率間的關係

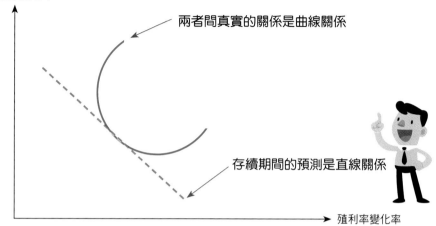

債券價格變化率

兩者間真實的關係是曲線關係

存續期間的預測是直線關係

殖利率變化率

說明：以存續期間進行上述免疫策略仍有風險，因存續期間代表的是直線關係，而真實的關係是圖 3-3-2 中凸向原點的曲線。

動動腦

1. 假設某債券票面金額是 20,000，票面利率 2%，年配息 1 次，三年後到期，到期殖利率是 3%，請計算存續期間。

2. 影響存續期間的關鍵因素有哪些？

3. 投資股票或債券，你會如何選擇？

3-4 曝險主體——基金

投資股票或債券除有風險外,若投資人親自操作,可能會因專業技術缺乏或時間與心理問題,無法完成獲利目標,此時如交給理財專家來操作,雖然也有風險,但至少省時省事,不用擔心太多,每天七上八下。有這樣需求的一群人便集中把錢交由專家操作投資,這集資的錢就是基金,而負責基金投資操作的就是基金經理人。

一、基金的種類

基金常見的分類:1. 依籌集資金方式分,(1) 公募基金:公開對社會大眾籌集資金,(2) 私募基金:對少數投資者籌集資金。2. 依運作方式分,(1) 共同基金:投資人在銀行或券商開設基金帳戶進行買賣,(2) 交易所買賣基金 (ETF):就是在交易所上市和買賣的基金,此類基金的買賣方法與股票相同,投資人須有股票帳戶進行買賣,(3) 房地產信託基金 (REITs):同樣在交易所掛牌,不過基金投資對象不是股票或債券,而是房地產項目,以收租為主要收入。3. 依投資方式分,(1) 主動型基金:基金經理人為求更高報酬,

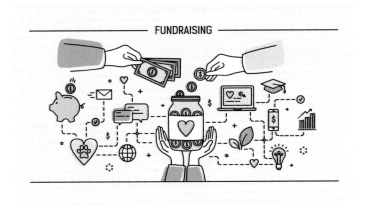

FUNDRAISING

根據個人判斷評估其選擇的投資對象，就稱為主動型，(2) 被動型基金：只是追蹤某特定指數的表現，不求更高回報，就是被動型。4. 其他分類，(1) 依投資對象，可分為股票基金、債券基金、貨幣基金等，(2) 依投資區域，可分為全球市場基金、區域市場基金（如新興市場、歐洲或東南亞等）或單一國家市場基金（如美國、中國、俄羅斯等），(3) 根據行業劃分，如能源、科技、金融等，或根據主題劃分，如人工智慧、大數據等。5. 最後，可將上述各分類方式組合而衍生出不同基金。

二、基金優缺點

對一般投資人來說，將錢交給基金的專業經理人投資的好處是，可比自己直接投資的報酬率更高（例如：可賺的利息、價差、貨幣匯差可能更多）。其次，投資基金不像投資股票債券要一大筆錢，小額資金即可投資基金。最後的好處是，基金在專業經理人操作下，無須過分擔心，不像買股票，每天心情總是七上八下。另一方面，購買基金也有壞處，如無法左右基金經理人的投資決策、相關的費用成本不小，若基金經理人操守不佳或投資組合過於集中，風險也不小。

三、ETF 基金

基金種類繁多，在此只簡單介紹 ETF。ETF 有分散風險（因有多種標的）、可獲得市場報酬、適合長期持有，與費用率低等優點；但 ETF 如短線買賣也有會增加交易成本、績效難勝過指數、有追蹤誤差、有內扣費用、有折溢價等缺點。最後，股票下市可能代表該股票變成壁紙、價值歸零；但基金下市或解散，裡面的持股都仍是屬於投資人的資產，會清算後歸還給投資人。

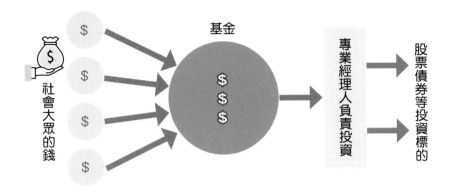

圖3-4-1 基金

基金

社會大眾的錢 $ $ $ $ → 基金（$ $ $）→ 專業經理人負責投資 → 股票債券等投資標的

圖3-4-2 投資基金前要先做 3 件事

投資基金前

01
評估投資目的
（短期 vs. 長期）

02
選擇投資方式
（主動 vs. 被動）

03
風險承受能力與資產配
置（決定各種資產分別
放多少資金比例）（可
依你的風險態度決定）

圖3-4-3 基金風險指標

β值（見前面單元）是在評估某檔基金相對大盤的波動程度，可用來衡量基金的風險，通常只要基金風格沒有變，β會有一定程度的一致性和可預測性。

β = 1(100%) 代表大盤漲跌多少，基金就漲跌多少

β = 0.9(90%) 大盤漲 1%，基金漲 0.9%，下跌時也會跌比較少

β = 1.5(150%) 大盤漲 1%，基金漲 1.5%，下跌時也會跌更多

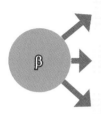

動動腦

① 自己操作投資，或是由專業人員幫忙操作，優劣各如何？

② 股票基金的風險主要看何種指標？

③ 挑選基金要注意什麼？

④ 有一筆閒置資金，可投資股票、債券、基金，你會如何考慮資金分配的比例？

Chapter 3

財務風險的識別與其來源分析

財務風險管理的實施（二）——

039

3-5 曝險主體——外匯與實質資產

買賣各國貨幣也是一種投資，因可賺取匯差益，當然也可能產生匯差損。買賣貨幣形成的供需市場就是外匯市場，外匯市場則是全球最大的單一金融市場。另一方面，投資不僅可投資前述各類金融商品，也可投資各類非金融商品等實質資產，例如：黃金、石油等。

一、匯率的種類

1. 以匯兌方式分：外匯匯率包括票匯匯率、電匯匯率以及信匯匯率。電匯匯率表示的是經營外匯業務的銀行在進行外匯交易期間，透過電訊方式通知國外分行或者是代理把款項付給付款人期間使用的匯率。信匯匯率是銀行在進行外匯交易期間，以信函通知國外分行以及代理支行使用到的匯率。信匯匯率一般比電匯匯率低。票匯匯率一般是銀行交易外匯匯票以及其他票據期間用到的匯率，它不但比電匯匯率低，並且還比信匯匯率低。

2. 以買賣立場分：外匯匯率分為買入匯率、中間匯率以及賣出匯率。買入匯率也叫作買入價，一般是外匯銀行向投資者（通常是出口商）買進外匯期間使用的價格。中間匯率也被叫作中間價，是買入匯率以及賣出匯率的平均數，中間匯率一般用在匯率的分析，經常在電視報導以及報刊上會用到中間匯率。賣出匯率也叫作賣出價，通常指的是外匯銀行向投資者（通常是進口商）賣出期間使用的價格。

3. 以交割時間分：現鈔匯率指的是拿新台幣或外幣現鈔與銀行交易，兌換成貨幣現金時所使用的匯率。即期匯率則是將帳戶中所持有的新台幣或外幣於兩日內直接進行轉換，所使

用的匯率價格。遠期匯率是將帳戶中所持有的新台幣或外幣在未來約定期間（例如：一個月、三個月，或十二個月等）內進行轉換所使用的匯率。遠期匯率大於即期匯率叫升水，遠期匯率低於即期匯率叫貼水，遠期匯率等於即期匯率叫平價。

二、外匯市場

外匯市場如依交易對象分，可分批發市場（銀行同業間的交易）與零售市場（銀行對非銀行企業或個人間的交易）。其次，外匯市場如依交割日期分，可分即期市場、遠期市場，與現金市場。遠期市場又分完全遠期市場與外匯交換市場（又稱換匯市場）。所謂換匯是指

同時買與賣固定金額的貨幣，但分成不同的交割日，它可作為短期規避匯率波動風險的工具。

圖3-5-1 **最近一年美元對新台幣外匯匯率走勢圖（最近一年台幣貶值 -11.33%）**

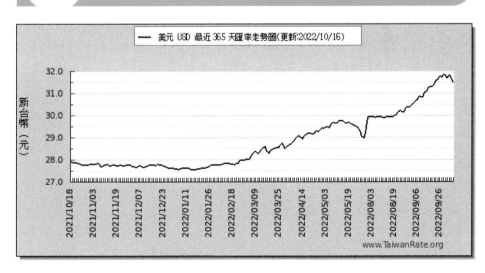

三、實質資產市場

農產品、工業基礎金屬、貴金屬（黃金、白銀等）、牲口與肉類、能源，以及其他（頻寬、天氣、虛擬貨幣等）等商品，均可透過商品市場進行交易與投資。這些商品的交易可以是現貨、期貨、選擇權與交換契約的型態，它有集中交易市場與櫃買市場 (OTC)。這些商品價格的波動同樣是影響大且重要的財務風險。

表3-5-1 台灣銀行牌告匯率表（部分）(2022/10/19，10:28) (bot.com.tw)				
幣別	現鈔買進	現鈔賣出	即期買進	即期賣出
美元	31.6	32.27	31.95	32.05
港幣	3.92	4.124	4.046	4.106
英鎊	35.1	37.22	36.11	36.51
澳幣	19.84	20.62	20.13	20.33
加拿大幣	22.81	23.72	23.21	23.41
新加坡幣	21.97	22.88	22.46	22.64
瑞士法郎	31.38	32.58	32.06	32.31
日圓	0.2053	0.2181	0.2126	0.2166
南非幣	--	--	1.73	1.81
瑞典幣	2.5	3.02	2.84	2.94
紐元	17.79	18.64	18.17	18.37

現鈔匯率：現鈔買進與現鈔賣出
即期匯率：即期買進與即期賣出

動動腦

1. 你由國外旅遊後回台，持有 1 萬美金現鈔，去銀行換台幣，如依上述表 3-5-1，可換回多少？這種交易是屬於何種外匯市場？
2. 何謂換匯？舉個例（可上網查）。

前述單元所說明的曝險主體均是傳統普遍的投資對象，近年來，較為創新的投資對象中，虛擬貨幣 (Virtual Currency)（或稱加密貨幣、數字貨幣、電子貨幣）是奇特的投資標的，因它雖稱為「貨幣」，目前卻不是日常流通的法定貨幣（未來或許可能成為法定貨幣），然可兌換成美元使用。例如：根據 2019 年 4 月的市值資料，一個比特幣可以兌換約 5,000 多美元。

一、比特幣的興起

比特幣 (Bitcoin) 是在 2008 年由中本聰 (Satoshi Nakamoto) 所發表的論文 "A Peer-to-Peer Electronic Cash System"（〈端對端電子現金系統〉）中所提出的概念，並在 2009 年 1 月 3 號正式上市，也就是創世區塊正式誕生（創世區塊指的是區塊鏈的初始區塊）。此新興的電子貨幣主打著「去中心化、一切交易公開透明、交易手續費低」等口號，也因此讓比特幣迅速被許多大公司（例如：Microsoft 等）所接受並開始投資。比特幣是全世界第一個加密貨幣，英文是 "Bitcoin"，一般會縮寫成 BTC，比特幣的最小單位是 "Satoshi"，是用創始人中本聰的名字命名。

二、比特幣交易流程

1. 首先，在自己的手機或電腦上先創一個虛擬的「錢包」，是用來儲存電子貨幣的電子錢包，每一個錢包在產生時，會有一組私人密碼。

2. 接下來，就分為線上購買與線下購買，線上購買須在線上交易所（見下表 3-6-1）上，申請一個帳戶，大多交易所在客戶申請帳戶時，都

表3-6-1	數字貨幣交易所
交易所名稱	**特　色**
幣安 Binance	1. 手續費全網最低 2. 全球最大交易所 3. 交易速度快，深度高 4. 支援超過 150 種加密貨幣 5. 7% 固定收益產品 6. 流動性挖礦
MAX	1. 台灣首間交易所 2. 台幣出入金專用交易所 3. 匯率優惠

附註：另有 OKX、FTX、MEXC 等交易所亦各有特色
* 取材自：公開網站

會對客戶做身分驗證，也就是需要客戶上傳照片或是其他個人資料的驗證。

3. 在交易所上申請帳戶後，就可以用信用卡、銀行帳戶或第三方支付系統等方式投資比特幣。

4. 線下購買的部分，可利用一些平台（例如：LocalBitcoins、LibertyX），直接在支援比特幣的 ATM 存現金就可以換成比特幣，然後掃描自己錢包地址的 QR Code，就可以把兌換的比特幣存到自己的虛擬錢包中。

三、以太幣

英文全名為 Ether，縮寫 ETH，是以太坊用於維持旗下所開發的區塊鏈平台，能正常運作的一種加密貨幣。以太幣與比特幣的不同處包括：1. 發行數量不同：比特幣的發行總數是固定的，而

以太幣的數量則沒有限制。2. 定位不同：兩種加密貨幣未來都可能作為法定貨幣，但目前還不能，且從兩者背後區塊鏈平台的不同來看，比特幣像是數字黃金，而以太幣則是數字石油。3. 挖礦時間不同：比特幣需要大約十分鐘，而以太幣則在半分鐘以內就完成。4. 發行單位不同：比特幣的最小單位稱為 Satoshi，而以太幣最小單位則為 Wei。

圖3-6-1 電子錢包（https://zh.wikipedia.org/wiki/电子钱包）●

電子錢包是一種可以進行個人電子交易的電子裝置，包括網路購物或實體店購物的交易。電子錢包可以與個人的銀行帳戶連結，裡面也可以放置電子駕照、健保卡、身分證或其他電子證件。

（動動腦）

1. 何謂挖礦與以太坊？請上網查。
2. 上網查電子錢包的功用。
3. BTC 如何交易？

前述各種曝險主體面臨的財務風險,可分市場風險、信用風險與流動性風險,每一財務風險均各有其來源,而這三種風險間也均有相關性與連動性。

一、市場風險

只要存在供給與需求間的交易,就形成市場,不論市場是有形抑或是無形,而影響供需的變數就可能成為市場風險的來源。因此不論是金融資本市場、不動產市場、各類商品市場或虛擬貨幣市場,其中供需變數的改變,就會導致各種曝險主
體價格或價值的波動,這些供需變數的改變主要來自經濟、政治或社會因素的影響,這就是市場風險的根源。市場風險屬於系統風險/不可分散風險,這種風險的來源,對金融保險機構或一般企業公司均屬相同,但衝擊程度不同。來自金融資本市場變數的改變將導致公司資產與負債價值的波動。這種變數的改變,具體的有利率、匯率、權益資本(例如:股票價格)與商品價格(例如:石油價格)的波動。這些波動就各形成利率風險、匯率風險、權益風險與商品價格風險。其中利率的調降或調升,將影響所有行業與民眾,而對公司可能的不利衝擊,則需依據公司資產與負債曝險的情況而定。例如:在固定收益的債券市場中,利率改變時,公司可能獲利或受損的程度,均還需依公司資產或負債的存續期間長短而定,而該存續期間的長短即為曝險程度。

二、信用風險

信用或抵押借貸的交易,債權人的一方總會面臨來自債務人違約或信評被降級,可能引發的信用風險。因此,不論金融保險機構或一般企業公司均

可能面臨信用風險。就銀行本身，信
用風險來自貸款客戶的違約、信評被
降級或衍生性商品交易的對方。就銀
行存款客戶言，信用風險來自銀行信
評被降級或經營不良違約。就保險公
司言，信用風險除來自貸款客戶的違
約、信評被降級或衍生性商品交易的
對方外，還有來自再保險合約交易的

對方。一般企業公司的應收帳款風險，也是一般企業公司面臨的信用風險。
違約或信評被降級，主要來自債務人財務結構不健全或非財務的變數。

三、流動性風險

　　公司持有的資產無法在合理的價位迅速賣出或轉移，以致無法償還債務
時，即會面臨流動性風險。例如：股市交易清淡時，持有大量股票的公司須
留意此種風險。通常，實質資產面臨的流動性風險高過財務資產面臨的流動
性風險。所有的企業或個人，若流動性風險超過承受程度時，就很容易引發
財務危機甚或因資金周轉不靈，宣告破產。流動性風險的產生，很多時候是
受到市場與信用風險的影響。因此，政府近年來已強化對流動性風險的監
理，例如：銀行 Basel III 中，對流動性覆蓋率的新要求（過去政府較偏重對
市場與信用風險的監理）。

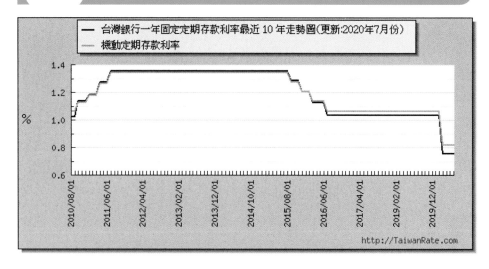

圖3-7-1 台灣銀行一年定存利率最近十年走勢圖

說明：上述十年間定存利率由高走低，2022 年 10 月因美國聯準會為打通膨升息，台灣的定存利率也跟著調高（例如：2022 年 10 月台北富邦銀行美元一年固定定存利率調高至 3.2%）。利率變化總會影響企業與民生。

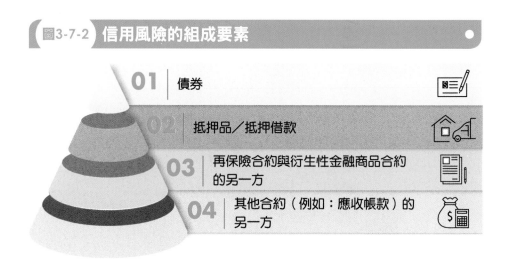

圖3-7-2 信用風險的組成要素

01 債券

02 抵押品／抵押借款

03 再保險合約與衍生性金融商品合約的另一方

04 其他合約（例如：應收帳款）的另一方

動動腦

1 請從經濟學的觀點，說明影響供給與需求的變數，並說明與市場風險的關係。

2 人言為信，信用風險之分析，只觀察客觀數據的評等有用嗎？

3 請從會計學的觀點，說明何謂流動比率？與流動性風險有關嗎？

Chapter 4

財務風險管理的實施 (三) ——
財務風險評估

4-1 財務風險點數與財務風險圖像

就財務風險評估而言，是否需要利用有主觀判斷色彩的半定量風險點數公式？由於科技與大數據的發展，任何風險評估要取得充分數據不是難事，因此已沒必要採用風險點數公式。然而，風險管理畢竟是量身訂做的（財務風險管理也不例外），組織團

體持有本身內部的經驗數據更能有利於風險的評估與管理（外部數據是重要參考），然而這需要時間的累積，在這之前或許可先行採用點數公式評估財務風險。為能應對財務風險的瞬息變化，評估期間宜採短期（例如：一兩天、一週等）。

一、財務風險來源間的相關性

前述財務風險的來源也可分為兩種層次的類別，一為淺層的財務風險因子（例如：利率升降等），另一為深層的政、經、社、文化因子。財務風險事件的爆發（例如：2008-2009 年的金融海嘯或美國聯準會的升息等），就是受到不同層次財務風險來源的趨動。這財務風險來源的趨動間，有可能是獨立的、相依的、互為因果的、有相關但沒因果關係的等現象，這些不同的現象對財務風險評估則有不同影響。各個財務風險間的相關性，可用下面所述的影響矩陣來判斷。

二、財務風險點數

在不考慮財務風險間的相關性下，將識別的各個財務風險依下列半定量點數公式，求得的點數大小代表各個財務風險的高低。計算財務風險點數的公式（不考慮反應時間點數）可如下式：

財務風險點數＝（財務風險事件發生的可能性點數）× 嚴重程度點數

上列各因素的點數依組織需要可劃分 3-5 級。其次，財務風險事件發生的可能性點數依組織需要以發生機率或某期間發生次數劃分，例如：將 2% 以下視為最低，20% 以上視為最高，中間再依所需級數分割。嚴重程度點數可依淨現金流量（因財務風險有別於作業與危害風險，它有虧損或獲利的可能，故改用淨現金流量替代損失金額）的減少占營收比劃分。最後，需考慮各財務風險間的相關性，運用影響矩陣 (Influence Matrix) 進一步判讀重新評比排序。分數的點數，分別是「0」表無影響，「1」表中度影響，「2」表高度影響。

三、財務風險圖像

　　根據財務風險點數公式以嚴重程度點數為橫軸，其他為縱軸，製作矩陣表並繪製財務風險圖像 (Financial Risk Map)。因財務風險會隨時間改變，各個財務風險在圖像的落點會產生位移現象。

圖4-1-1　財務風險點數與財務風險圖像

各個財務風險會有各自的點數，
分別落入下圖高中低三區

		嚴重程度點數		
		1	**2**	**3**
發生的可能性財務風險事件	**5**	5	10	15
	4	4	8	12
	3	3	6	9
	2	2	4	6
	1	1	2	3

2-6點＝低度風險；8-10點＝中度風險；
12-15點＝高度風險

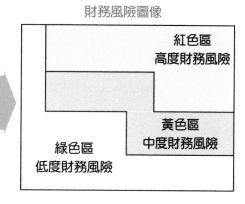

財務風險圖像

紅色區
高度財務風險

黃色區
中度財務風險

綠色區
低度財務風險

圖4-1-2 影響矩陣（各財務風險間，可能互動關係強。然而，如果是各危害風險間或各作業風險間，則互動關係可能較弱。淨影響分數如果均是「0」，代表排序不變）

影響矩陣表

財務風險編號	點數	排序
001 利率	15	1
002 股價	10	2
003 信用	9	3
004 流動性	4	4

	利	股	信	流	和
利		1	2	1	4
股	1		0	1	2
信	2	0		2	4
流	1	1	2		4
和	4	2	4	4	14

原排序	淨分數	新排序
1	0	1
2	0	2
3	0	3
4	0	4

「0」表無影響；
「1」表中度影響；
「2」表高度影響。

影響矩陣表中，「利、股、信、流」，分別代表最左邊表中的財務風險類別。「和」字代表縱列與橫列的總和。左端風險影響上端風險的分數，在橫列。左端風險被上端風險影響的分數，在縱列。淨影響分數＝橫列分數減縱列分數，例如：信用風險淨影響分數＝4-4＝0。根據淨影響分數均為零，所以財務風險排序不變。

（動動腦）

❶ 有云「無數據，難管理」，所以財務風險點數的結果，無管理的價值，對嗎？

❷ 透過影響矩陣，財務風險如果維持原排序，其意義何在？

❸ 財務風險評估期間為何很短？

4-2 財務風險評估——市場風險 (I)

前一單元所述的財務風險點數評估，雖然簡單可用（尤其用在決定應對財務風險的優先順序時），但就財務風險管理來說，能有更精準的計量數據，除更有利於金融商品的風險定價 (Risk Pricing) 外，亦可提供財務風險管理決策的基礎。本單元開始陸續說明各種財務風險的計量評估。第 1 章中曾提及風險是未來預期結果的變異，以統計用語言，變異指的是變異數或標準差。對市場風險的評估則可進一步採用

半變異數或半標準差，也就是衡量市場風險的下方風險 (Downside Risk)，因市場風險分配是對稱的常態分配，有獲利面與損失面，而資產持有人關心的是損失面。須留意的是，市場風險分配不像非對稱的別種財務風險分配與危害及作業風險分配。針對財務風險（含其他風險的計量）的計算，應注意客觀、一致、相關、透明、整體，與完整的原則。

一、傳統計量方法

大約在 1990 年代前，市場風險評估多採傳統計量的模式，目前這些傳統模式雖仍可使用，但採用創新的風險值評估市場風險已成主流。市場風險評估的傳統計量模式主要有四種方式：1. 名目金額法：該法是將持有資產部位的名目價值相加，即得出市場風險的高低；2. 利率缺口分析法：缺口是指對利率敏感的資產與負債間的差額，此缺口乘以利率變動即是淨利息所得的變動，也就是利率風險的變動；3. 因素敏感度分析法：這包括存續期間分析（參見前述 UNIT 3-3）與希臘字母分析，希臘字母分析在衡量衍生品風險因子的敏感度；4. 情境分析法：設定不同的情境（通常是 5-10 個），檢查投資組合的損益，進行市場風險評估。

二、風險值的涵義

風險值 (VaR: Value-at-Risk) 是最新的市場風險評估工具，也應用在其他各類風險的衡量，但細節上與市場風險值的衡量有差別。所謂風險值係指在特定信賴水準下，特定期間內，某一組合最壞情況下的損失。信賴水準／信賴區間是個統計術語，亦即人們對所計量的值有多少把握的精確性，這與機會或可能性的概念有關。就一般企業公司言，信賴水準的選定可參考金融證券業國際 Basel 資本規範，訂定 99.9% 為計算風險值的依據，或參考歐盟保險業國際 Solvency II 清償能力規範，訂定 99.5% 為計算風險值的依據。特定期間指的是某一組合持有的時間，時間愈長，風險愈難測準。在同一信賴水準下，持有期間與風險高低成正向關係。茲以數學符號表示風險值如下：

$$\text{Prob}(X_t < -VaR) = \alpha\%$$

X_t 表隨機變數 X 於未來 t 天的損益金額，$1-\alpha\%$ 表信賴水準。該公式意即未來 t 天，損失金額高於 VaR 的機率是 $\alpha\%$，或意即未來 t 天，有 $1-\alpha\%$ 的把握，損失金額不會高於 VaR。

小博士 骰子的來源

　　相傳，骰子最初用作占卜的工具，後來演變成後宮嬪妃的遊戲，以擲骰子點數賭酒或賭絲綢香袋等物。當時骰子的點穴上塗的是黑色，在唐代才增加描紅。但在考古上，最早的骰子是出現在埃及。兩千多年前，古埃及的骰子被稱為 astragal。考古學家曾在出土的古埃及墳墓壁上，發現繪有以羊的後足跟製成的骰子，稱為 astragal 之賭具的賭戲。這種骨頭有四個面，並不對稱，每次投擲都會落在四個面之一方。骰子作為中國博戲中六博之一，被視作中國博具之祖，在春秋戰國末期已較為流行。真正中國本土國產骰子有 14 面和 18 面，是秦皇陵出土的骰子，上刻漢字，秦漢以來的多面骰子隨著文化交流，到後來點數一說傳入中國，接著中西結合，才有了現在我們常見的骰子。傳說唐玄宗與楊貴妃在後宮擲骰遊樂，眼看要輸了，只有出現 4 點方能解救敗局，此時尚有一個仍在旋轉之中，唐玄宗心中焦急，便連喊「4！4！」，塵埃落定後果然是 4。唐玄宗一高興，就讓高力士宣告天下，骰子上可以描紅。原本，紅色通常是不能亂用的。

* 取材自：公開網站

圖4-2-1 市場風險值

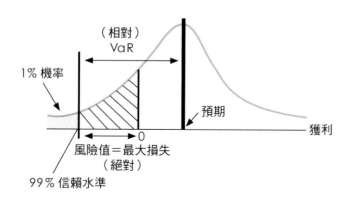

表4-2-1 衍生品風險因子敏感度分析的希臘字母

希臘字母	風險來源	計算公式
γ (Gamma)	Delta 值的變動	Delta 的變動量／標的物價格變動量
ν (Vega)	標的物價格波動幅度的改變	權利金變動量／標的物價格波動幅度變動量
θ (Theta)	距離到期日期間的改變	權利金變動量／距離到期日期間的變動量
ρ (Rho)	利率水準的變動	權利金變動量／利率變動量
Δ (Delta)	標的物價格的變動	權利金變動量／標的物價格變動量

動動腦

1. 說明信賴水準高低對 VaR 的影響為何？信賴水準可用 100% 嗎？說說想法。

2. 衍生品風險因子的敏感度做什麼用？

3. 不管用多精準的數量模型衡量風險也都只是估計值，只差估得準或不準，是嗎？

一、風險值估算方法

風險值估算方法有三種：第一、變異數—共變異法 (Variance-Covariance Method)：此法也稱 Delta-Normal 法。其主要假設是資產報酬為常態分配，且主要適用線性損益商品，例如：股票等。對非線性損益商品，例如：選擇權等，誤差大。

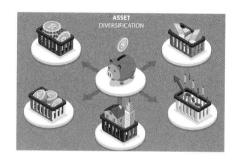

第二、歷史模擬法 (Historical Simulation Method)：其主要假設是過去價格變化，會在未來重現。根據歷史資料，模擬重建未來資產損益分配，進而估算 VaR。此法對線性損益商品與非線性損益商品均適用。第三、蒙地卡羅模擬法 (Monte Carlo Simulation Method)：其主要假設，是價格變化符合特定隨機程序，利用模擬方式估算不同情境下的資產損益分配，進而估算 VaR。此法對線性損益商品與非線性損益商品均適用。

二、風險值種類

風險值可依損失是絕對的，還是相對的，分為絕對風險值與相對風險值。絕對風險值是以絕對損失金額表示，是前一單元圖 4-2-1 中 VaR 值與零間的距離。相對風險值是 VaR 值與期望損失間的距離，也參閱前一單元圖 4-2-1——市場風險值。其次，也可依改變何種部位，達成調整 VaR 的目的區分，可分為增量風險值 (IVaR: Incremental VaR)、邊際風險值 (ΔVaR: Marginal VaR) 與成分風險值 (CVaR: Component VaR)。增量風險值是指組合中，新部位的增加所造成組合風險值的改變而言。邊際風險值是指在既定組合的成分下，增加 1 元的曝險，組合風險值的改變。最後，成分風險值是指當組合中，某一給定成分被刪除時，組合風險值的改變。

三、風險值的用途與限制

風險值在風險計量上除有共同一致的基礎外，也考慮不同風險因子間的相關性與其分散程度，因此，它可提供較為正確的總風險程度。其次，風險值的用途至少有七項：第

一、公司可利用風險值，設定風險胃納水準；第二、可用來做資本配置的依據；第三、可作為年度報告中，公司風險揭露與風險報告的基礎；第四、利用風險值的訊息，可用來評估各類投資方案，作為決策的基礎；第五、利用風險值可用來執行組合方案的避險策略；第六、風險值訊息可被公司各單位部門，用來做風險與報酬間的決定；第七、以風險值衡量其他風險，比較基礎較有一致性。最後，風險值也有限制，例如：在公司破產平均值 (ES: Expected Shortfall) 或條件尾端期望值[1] 衡量方面，VaR 並非最佳[2] 的風險衡量工具。

圖4-3-1　增量風險值

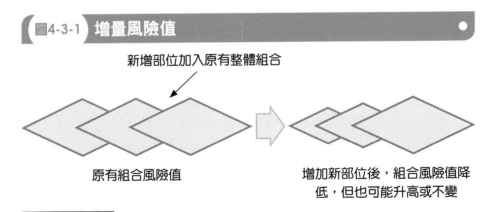

新增部位加入原有整體組合

原有組合風險值　　　　增加新部位後，組合風險值降低，但也可能升高或不變

1　就保險業而言，CTE(65)，也就是 65 百分位的條件尾端期望值，如為正數，代表準備金提存足夠，也就是符合準備金適足性的要求。

2　根據文獻 (Artzner et al., 1999) 顯示，一致性的風險衡量尺規 (Coherent Risk Measure) 要滿足四項條件：1. 次加性 (Sub-Additivity)；2. 單調性 (Monotonicity)；3. 齊一性 (Positive Homogeneity)；4. 轉換不變性 (Translation Invariance)。每一條件均有數學關係，例如：次加性指的是任何隨機損失 X 與 Y，要符合 ρ(X+Y) ≦ ρ(X)+ρ(Y)。所有風險衡量尺規以尾端風險值 (TailVaR) 與王轉換式 (Wang Transform) 符合前四項條件，包括標準差、半標準差與風險值均不符合，其中風險值尺規違反前述的次加性，參閱 van Lelyveld 主編 (2006)，*Economic Capital Modelling-concepts, Measurement and Implementation* 一書，Annex A。

圖4-3-2 邊際風險值

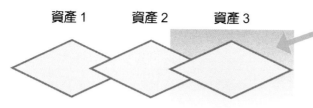

資產 1　　資產 2　　資產 3

增加一單位在原組合中的
資產3對VaR的影響

小博士　風險值名詞與 4:15 報告

創立於 1978 年的非營利國際
機構 Group of 30，簡稱 G-30，
在 1993 年出版了 Group-30 報告。
報告中對衍生品的使用提出 20 項
建議，其中最重要的是風險衡量方
法——風險值 (VaR)，這是風險值一
詞的首次出現。風險值的首次應用則是起源於 J. P. Morgan 銀行的 4:15
報告，該報告是該銀行總裁要求下屬每天下午四點十五分要提交一份
「未來 24 小時內，銀行可能遭受最大損失的金額是多少？」的簡短報
告，故稱為「4:15 報告」。

動動腦

1. 風險值的用途與限制為何？
2. 風險值的估計方法？成分風險值的涵義？
3. 線性損益商品與非線性損益商品是什麼？

Chapter 4

財務風險評估
財務風險管理的實施（三）──

4-4 財務風險評估——市場風險 (III)

本單元採用變異數－共變異法舉例計算風險值。

一、單一資產

市場風險值計算須得知相關資產損益報酬的頻率與幅度分配，進而導出市場風險分配。市場風險分配通常是常態分配。以假設某公司持有美元 300 萬，在未來兩週的風險值多少為例，估算該美元部位的市場風險值。在估算前，選定信賴水準為 95%，查外匯市場統計，得知平均每週匯率變動的標準差為 0.3%，同時也得知 1 美元相當於 30 元台幣，那麼該公司美元 300 萬部位的 VaR 值，如下式：

$$\text{VaR} = \$3,000,000 \times 30 \times 0.003 \times \sqrt{2} \times 1.645 \fallingdotseq \$513,000$$

式中的 $\sqrt{2}$ 是兩週時間平方根[1]。1.645 是 95% 信賴水準下的標準差倍數（如果是 90% 信賴水準下，標準差倍數則是 1.28），上式得出的 VaR 值 $513,000，意即未來兩週，損失金額高於 $513,000 的機率是 5%，或意即未來兩週，有 95% 的把握，損失金額不會高於 $513,000。其次，再以公司轉投資持有另一家公司股票兩千張為例，估算該公司股票風險值。假設昨日股票收盤價為每股 20 元，那麼這兩千張股票市價就是 4 萬元。假設轉投資持有股票的風險以總風險來衡量，總風險就是系統風險與非系統風險之和。同時，得知轉投資的公司股票價格，平均每週標準差為 1%，那麼未來兩週，在 95% 信賴水準下，持有轉投資公司股票的風險值如下式：

$$\text{VaR} = \$40,000 \times 0.01 \times \sqrt{2} \times 1.645 \fallingdotseq \$752$$

---

1 時間平方根規則：

$$\sigma_{月} = \sqrt{\sigma_{週}^2 \times 4} = \sqrt{\sigma_{週}^2} \times \sqrt{4} = \sigma_{週} \times \sqrt{4}$$

該簡單的規則前提是，不同時間的變項間是相互獨立的。因此，一週的變異數乘以 4 就是一個月的變異數。如果前提有變化，該規則就變複雜。

意即未來兩週，損失金額高於 $752 的機率是 5%，或意即未來兩週，有 95% 的把握，損失金額不會高於 $752。

二、兩種資產

如需得知該公司持有前列兩種財務資產的組合風險值，則僅需得知兩種財務資產間的相關係數，透過組合理論，即可計算得知兩種財務資產的組合風險值。假設匯率與股票報酬率間的相關係數為 0.4，那麼兩種財務資產的組合風險值為：

$$VaR = (513{,}000^2 + 752^2 + 2 \times 0.4 \times 513{,}000 \times 752)^{0.5} = \$513{,}301.26$$

顯然，資產組合風險值小於美元風險值與股票風險值的加總，主要是兩種資產間風險分散效果所致。

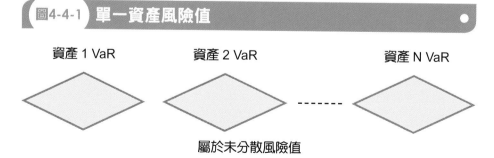

圖4-4-1　**單一資產風險值**

資產 1 VaR　　　　　資產 2 VaR　　　　　　　　資產 N VaR

- - - - - -

屬於未分散風險值

圖4-4-2　資產組合風險值

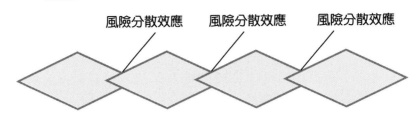

風險分散效應　　風險分散效應　　風險分散效應

（資產 1+ 資產 2+……+ 資產 N）的組合風險值是風險分散的風險值

小博士　人物 Engle 與 Granger，以及模型 ARCH

　　2003 年諾貝爾經濟學獎由美國紐約大學的 Robert F. Engle 教授與美國加州大學的 Clive W. J. Granger 教 授 共 同 獲 得。主要是這兩位教授在 1980 年代提出處理經濟時間數列的新模型與方法，最著名的就是 ARCH (Autoregressive Conditional Heteroskedasticity) 模型。該模型是學術上的重大突破，因為此模型能精確算出時間數列的波動性特徵，進而更能精準定價金融商品。同時，該模型在改良風險值精準性方面，也極具貢獻。

動動腦

❶ 組合理論應用極廣，想想為何風險組合一起時，風險能分散？是不是代表 1+1 會大於 2？

❷ 說說利率風險與匯率風險間是互為獨立，還是互為影響？

❸ 同前二頁中美金 300 萬的例子，只是信賴水準改為 90%，其他相同，算算 VaR 值是多少？

4-5 財務風險評估——信用風險 (I)

信用風險其損失分配型態，雖受許多因素影響，但往往不是對稱的常態分配。因此其風險評估自然與市場風險在細節上有別，例如：同樣是風險值，信用風險值通常採用 J. P. Morgan 發展的信用矩陣 (Credit Metrics)，而市場風險值則採用同樣是 J. P. Morgan 發展的風險矩陣 (Risk Metrics)。

一、傳統計量方法

信用風險評估早期也是用傳統的計量模式，這包括質化與量化的傳統模式，質化的傳統模式有專家評級法與專家系統程式，量化的則包括線性機率模型、Logit 模型、Z-Score 模型與 ZETA 模型。

1. 專家評級法：就是由放款人根據 5C 或 5P 決定借款人的信用風險等級。

2. 專家系統程式：利用電腦程式與人工智慧模擬專家評級法的過程，進行評等。

3. 線性機率模型：就是簡單的多變量迴歸模型，自變數可不服從常態分配，應變數只有違約或不違約（就是 0 與 1）。

4. Logit 與 Probit 模型：由於線性機率模型應變數只有 0 與 1，不符合機率理論，因而產生 Logit 與 Probit 模型。Logit 模型假設事件發生的機率服從 Logistic 分配，Probit 模型假設事件發生的機率服從標準常態分配。

5. 區隔分析法與 Z-Score 模型：區隔分析法是多變數量分析法，將樣本分成違約者與不違約者，每一樣本經由區隔方程式計算出區隔分數（$Z = \sum w_i X_i$，w = 各風險特性權重，X = 各風險特性變數也就是 5C），再藉由區隔分數高低判定借款人所屬的群組，進而預測是

否違約。採用上述方法最著名的是 Z-Score 模型，Z-Score 可分公開上市製造業的 Z-Score、未公開上市的 Z´-Score，與服務業的 Z″-Score。

6. ZETA 模 型：ZETA 模 型 是 Z-Score 的增強版，根據七個變數（資產報酬率、收入穩定、償債能力、累積盈利、流動比率、資本化比率與公司規模）得出 ZETA 分數，公式與 Z-Score 相同，只是變數不同。

二、信用風險值（採用信用矩陣模型）

信用風險值的估計不同於市場風險值，交易對手的信用評等是信用風險值估計的核心，信用評等可對應交易對手可能的違約率 (PD: Probability of Default)。例如：標準普爾 (S&P) 評定為 AAA 級的公司，對應的違約率是 0.01%。評定為 CCC 級的公司，對應的違約率是 16%。下表 4-5-1 為國際信評機構信評等級與違約率對應表。其次，估計信用風險值還需考慮違約損失 (LGD: Loss Given Default) 與違約曝險額 (EAD: Exposure at Default)，也就是在特定信賴水準下，特定期間，信用風險值 (Credit VaR) $= LGD \times EAD \times \sqrt{PD \times (1-PD)}$。其中 LGD 是違約曝險額 (EAD) 減掉回收金額 (Recovery)，回收金額是違約曝險額 (EAD) 乘以回收率 (Recovery Rate)。因此，LGD $= EAD \times (1- Recovery Rate\%)$。預期違約損失 (Expected LGD) $= LGD \times PD = EAD \times (1- Recovery Rate\%) \times PD$。

圖4-5-1 違約損失 (LGD) 的形成

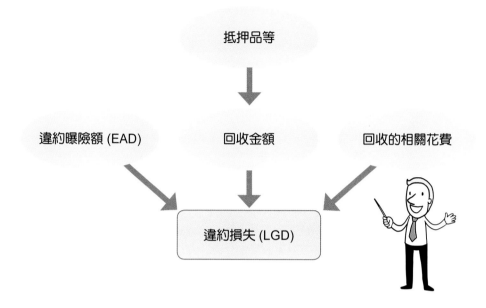

圖4-5-2 連續期間的違約機率

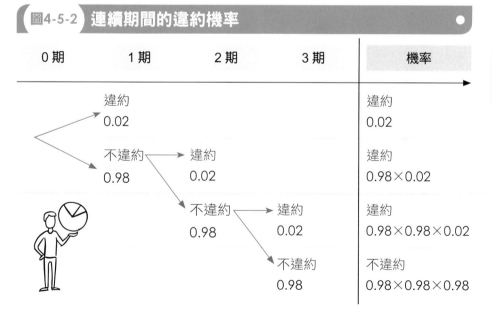

表4-5-1 信評等級與違約率對應表

信評機構		評 級						
穆迪	Moody's	Aaa	Aa	A	Baa	Ba	B	Caa
標準普爾	S&P	AAA	AA	A	BBB	BB	B	CCC
違約率	PD (in %)	0.01	0.03	0.07	0.20	1.10	3.50	16.00

表4-5-2 Z-Score 公式

公開上市製造業 $Z = 1.2\chi1 + 1.4\chi2 + 3.3\chi3 + 0.6\chi4 + 1.0\chi5$；$\chi1 = $ 營運資金 / 資產 $\chi2 = $ 保留盈餘 / 資產 $\chi3 = $ 稅前淨利 / 資產 $\chi4 = $ 權益 / 負債 $\chi5 = $ 營業收入 / 資產。服務業 $Z'' = 6.56\chi1 + 3.26\chi2 + 6.72\chi3 + 1.05\chi4$；$\chi1$、$\chi2$、$\chi3$、$\chi4$ 的計算與公開上市製造業相同。

表4-5-3 信用計分的 5C 與 5P

5C

5P

Character 品格
Capability 還款能力
Capital 資本
Collateral 擔保品
Condition 總體經濟情況

People 借款人
Purpose 借款用途
Payment 還款來源
Protection 債權保障
Perspective 授信展望

動動腦

1. 信用計分的 5C 與 5P 為何？
2. Credit VaR 公式？
3. 公開上市製造業 Z-Score 公式？

4-6 財務風險評估——信用風險 (II)

一、信用轉移矩陣

前提及信評等級與違約率有關，但信評等級會隨著時間，因各種內外部因素產生變化；換言之，就是信用轉移現象。以 1996 年標準普爾一年期轉移矩陣為例，年初信評等級是 A 級的企業，到年底仍維持在 A 級的機率為 91.05%，而降為 BBB 級的機率為 5.52%，上調至 AA 級的機率為 2.27%（見下表 4-6-1），違約率則為 6%。

二、信用風險計量的其他模型

除信用風險值模型 (CVaR) 外，信用風險評估還有其他國際知名的計量模型，簡單說明如後：

1. 莫頓模型：莫頓認為公司股東權益是以資產為標的的買權，而公司負債是以資產為標的的賣權。依此邏輯，選擇權評價模型就可應用在信用風險的衡量。而在公司負債價值與資產價值均為已知的情況下，就可算出負債的預期違約機率。

2. KMV 模型：此模型由 KMV 顧問公司所發展，它是以股票市價、股價波動率與負債價值，推估資產價值與違約間距 (DD: Distance to Default)，再計算歷史違約機率，從而推估出預期違約機率。

3. 縮減式模型：莫頓模型是結構式模型，是以股價與資本結構推導違約機率，而縮減式模型是直接以債券價格推導違約機率。縮減式模型認為信用風險會直接反映在債券價格與債券殖利率上。債券殖利率又分為無風險利率與信用價差 (Credit Spread)（也就是投資人承擔信用

風險的報酬，又稱信用風險溢酬），該模型藉由分析信用價差的大小，可推估違約機率。

4. KRM模型：KRM (Kamakura Risk Manager) 模型是由 Kamakura 公司所發展，該模型藉由信用價差（分成違約機率 PD 與違約損失 LGD）、債券價格、股票價格與財報比率等資訊，運用資產報酬率、槓桿比率、公司規模、每月股價超額報酬，與每月股價波動率等五因素解釋違約機率。

5. Credit Risk+ 模型：該模型與 CVaR 模型不同，該模型以保險精算理論為基礎，故又稱精算模型。該模型僅考慮違約與否，並不考慮信用品質的變化，故屬於違約模型。這與同時又考慮信用品質變化的 CVaR 模型有所不同，信用矩陣的 CVaR 模型屬於逐步市價重估模型。

6. Credit Portfolio View 模型：該模型由麥肯錫顧問公司所發展，該模型強調信用風險的相關違約因子均與總體經濟循環有關，而藉此觀點來推估信用風險。

三、信用矩陣與風險矩陣的比較

這兩個矩陣間，運用的都是相同的統計概念、相同的解釋方法，與最後的風險值都是貨幣單位。不同的是信用矩陣不假設報酬服從常態分配、投入的資料與風險矩陣不同，與信用品質的判斷需由專業機構執行。

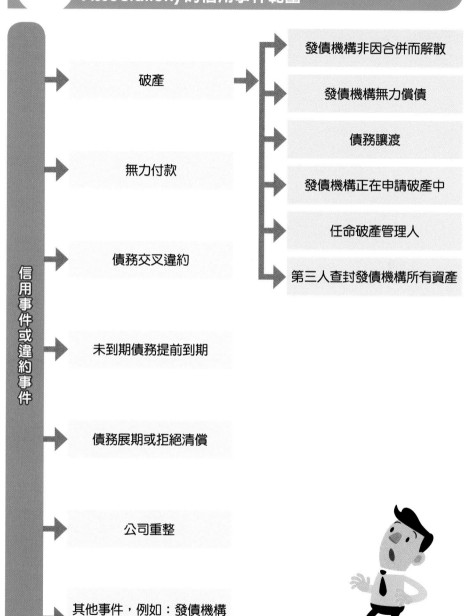

圖4-6-1　ISDA (International Swaps and Derivatives Association) 的信用事件範圍

信用事件或違約事件

- 破產
  - 發債機構非因合併而解散
  - 發債機構無力償債
  - 債務讓渡
  - 發債機構正在申請破產中
  - 任命破產管理人
  - 第三人查封發債機構所有資產
- 無力付款
- 債務交叉違約
- 未到期債務提前到期
- 債務展期或拒絕清償
- 公司重整
- 其他事件，例如：發債機構信評被調降、被政府接收

表4-6-1 一年期信用風險轉移矩陣

年初信評等級	年底信評等級 (%)							
	AAA	**AA**	**A**	**BBB**	**BB**	**B**	**CCC**	**違約 D**
AAA	90.81	8.33	0.68	0.06	0.12	0	0	0
AA	0.70	90.65	7.79	0.64	0.06	0.14	0.02	0
A	0.09	2.27	91.05	5.52	0.74	0.26	0.01	0.06
BBB	0.02	0.33	5.95	86.93	5.30	1.17	0.12	0.18
BB	0.03	0.14	0.67	7.73	80.53	8.84	1.00	1.06
B	0	0.11	0.24	0.43	6.48	83.46	4.07	5.20
CCC	0.02	0	0.22	1.30	2.38	11.24	64.86	19.79

數據來源：S&P's Credit week 1996。

(動)(動)(腦)

1. 信用等級會變，想想為何會變？（見上表 4-6-1）
2. 信用事件有哪些？
3. 信用矩陣與風險矩陣的異同為何？

4-7 財務風險評估——流動性風險

組織團體資產與負債金額間產生差額，以及兩者的期限結構不一致時，那麼該組織團體就容易面臨流動性風險 (Liquidity Risk)。簡單說，流動性風險指的是買入或賣出資產的容易程度。當一種資產的流動性愈強，就愈容易將其轉化為現金並找到現成的買家，這就代表

流動性風險較低；反之，則流動性風險較高。流動性風險可分為資金流動性風險與市場流動性風險兩種。前者係指無法將資產變現或取得資金以致無法履行到期責任的風險；後者係指由於市場因素以致處理或抵銷所持部位時，面臨市價顯著變動的風險。流動性風險的衡量，除複雜的風險值計量外，在此僅介紹流動性缺口 (Liquidity Gap) 分析法與比率分析法。

一、流動性缺口分析

流動性缺口是指在同一期限內，資產與負債間的差額。資產如大於負債，代表組織團體為維持現有資產規模，其持有的資金流動性不足，這就容易引發流動性風險（缺口愈大，流動性風險愈高），此時須尋求外部資金，解決流動資金不足的問題。反之，如果負債大於資產，代表組織團體持有的資金流動性過剩，此時須尋求投資，解決流動資金過剩的問題。此外，因資

Finance
Manager

Accounts
Manager

Risk
Manager

產與負債會隨著時間不斷變化，此時缺口分析時須留意的是邊際流動性缺口 (Marginal Liquidity Gap)。邊際流動性缺口是指資產變動的代數值與負債變動的代數值之間的差額，此差額如為正數，代表資金流動性過剩。反之，如為負數，代表資金流動性不足，可能存在流動性風險。最後，流動性缺口如果存在於目前的資產與負債間，就稱為靜態流動性缺口，如果存在於未來新增的資產與負債間，則稱為動態流動性缺口。流動性缺口分析參閱下表 4-7-1、圖 4-7-1 與圖 4-7-2。

二、比率分析

比率分析法有：1. 傳統比率分析：包括 (1) 流動比率（流動資產／流動負債，此比率如小於一，存在流動性風險）；(2) 速動比率（速動資產／流動負債，涵義是更嚴格的流動比率）；(3) 負債比率 (Debt Ratio)（總負債／總資產，此比率愈高，代表資產相對債務比率愈低，流動性風險愈高）。2. 新比率指標：包括 (1) 流動性覆蓋率 (LCR: Liquidity Coverage Ratio) = 流動資產／淨現金流量，為安全計，此比率需大於或等於一；(2) 淨穩定資金率 (NSFR: Net Stable Funding Ratio)，是指中長期最低可接受的穩定資金量，也就是長期穩定融資／加權長期資產，此比率如大於一，長期來說，風險低。對銀行業言，長期穩定融資包括：客戶存款、長期批發融資（來自銀行間同業拆借市場）、股票。長期資產包括：100% 長於一年的貸款、85% 剩餘期限小於一年期的零售客戶貸款、50% 剩餘期限小於一年期的公司客戶貸款、20% 公債及公司債，與資產負債表外資產。

表4-7-1 流動性缺口的計算

期數	1 期	2 期	3 期	4 期	5 期	6 期
資產	1,000	900	700	650	500	300
負債	1,000	800	500	400	350	100
流動性缺口	0	100	200	250	150	200
資產變動量		-100(900-1,000)	-200	-50	-150	-200
負債變動量		-200(800-1,000)	300	-100	-50	-250
邊際流動性缺口		100(-100-(-200))	100	50	-100	50
累積邊際流動性缺口		100	200	250	150	200

數據來源：Bessis, J. 1998. *Risk Management in Banking*
* 流動性缺口與累積邊際流動性缺口間，兩者數據相同

圖4-7-1 流動性缺口連續時間的變化

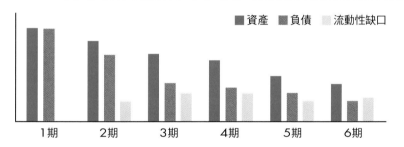

Chapter 4

財務風險評估

財務風險管理的實施（三）——

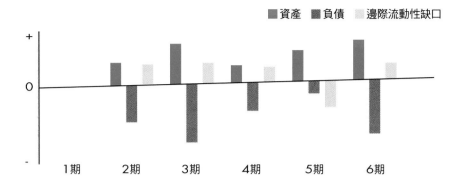

圖4-7-2 邊際流動性缺口連續時間的變化

■資產 ■負債 ■邊際流動性缺口

動動腦

① 有人云「經濟不好時，現金為王」，這與流動性風險有關聯嗎？理由是？

② 邊際流動性缺口為何意？

③ LCR 與 NSFR 有何意義？

4-8 回溯測試與壓力測試

一、風險累計與分散

粗略地説，將前述各財務風險值與危害及作業風險值加總累計所得的總風險值，就是組織團體所面臨的總風險程度。然而，這種簡單的加總並不符合經濟資本 (Economic Capital)（見下列單元）的立論基礎。蓋因，以簡單加總計得的 VaR 總值扣除預期損失後，應

提列的經濟資本或風險資本會被高估，造成公司資金的不適當配置與浪費。也因此，VaR 值的加總必須考慮各風險間相關性，所帶來的分散效應 (Diversification Effect) 使經濟資本的提列更精確、更實際與適當。經由分散效應所導致的總風險值（依組合理論計算求得），將少於簡單加總所得的總風險值，而兩者間的差額就是風險分散效應值。

風險分散效應會受到兩種變項的影響，也就是風險集中度 (Concentration) 與風險類別因素分層的廣度 (Granularity)。風險如愈集中，風險分散效應愈小。風險類別因素分層的廣度愈廣，風險分散效應愈大。其次，衡量風險分散效應的方法有兩種方式，也就是統計上的相關係數與關聯結構 (Copulas) 函數[1]，以及質化方式的影響矩陣 (Influence Matrix)。相關係數與 Copulas 函數間各有優劣。例如：相關係數優點是簡單易懂，其缺點是它使用的是過去資料，也許無法得知目前相關性的情況，而 Copulas 函數也有優缺點，例如：缺點是複雜難懂，優點是無須假設遵循何種特定分配。

二、跨領域事業的風險累計與分散

屬於跨領域事業的集團，風險累計有兩種途徑：第一、先就各事業單位

---

1 參閱 Melnick and Tenenbein (2008). Copulas and other measures of dependency. In: Melnick, E. L. and Everitt, B. S. ed. *Encyclopedia of Quantitative Risk Analysis and Assessment*. Vol. I. pp. 372-374. Chichester: John Wiley & Sons ltd。

Diversification

Diversification Strategy

Diversification Plan

Increased Efficiency

下的各類風險累計，之後就集團所有風險累計；第二、先就跨各事業單位的同類風險加以累計，之後才將集團所有風險累計。這兩種不同途徑累計風險的過程中，涉及兩種不同的分散效應值的估計：第一、就是同一風險在不同事業單位間的分散，是為跨風險分散 (Intra-Risk) 效應估計；第二、就是不同風險間 (Inter-Risk) 的分散，之後才估計跨事業分散。

三、壓力測試與回溯測試

由於 VaR 值無法估算極端風險的情境，因此財務風險的評估仍需以壓力測試 (Stress Testing) 補足。各類風險的壓力測試有不同的考量因素。同時，它可配合情境模擬進行，參閱下圖 4-8-1。至於回溯測試 (Back Testing) 為監理機關檢驗 VaR 模型可靠度的機制，並以穿透次數為監理標準，穿透次數愈高，資本提列乘愈大，因穿透意即公司可能面臨災難損失，從而影響經濟資本，參閱下圖 4-8-2。

圖4-8-1 壓力測試

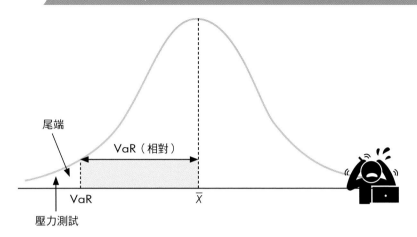

尾端

VaR（相對）

VaR

$\overline{X}$

壓力測試

圖4-8-2 回溯測試

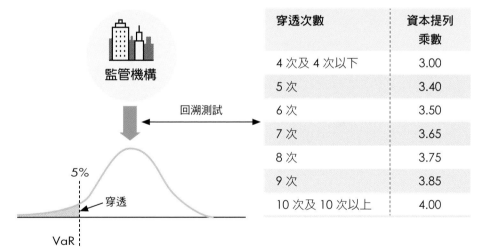

監管機構

回溯測試

5%

穿透

VaR

穿透次數	資本提列 乘數
4 次及 4 次以下	3.00
5 次	3.40
6 次	3.50
7 次	3.65
8 次	3.75
9 次	3.85
10 次及 10 次以上	4.00

Chapter 4

財務風險評估
財務風險管理的實施（三）──

079

圖4-8-3 財務風險分散

	單位1	單位2	單位3
市場風險			
信用風險			
流動性風險			

不同風險間的分散

同一風險在所有單位間的分散

動動腦

1. 為何要做壓力測試與回溯測試？在很極端的情況下，真有用嗎？討論一下。
2. 跨領域事業的風險分散效應估計途徑如何？
3. 說說相關係數在風險分散中，扮演何種角色？

4-9 風險值與經濟資本

各種財務風險與危害及作業風險的風險值,透過組合理論可得出組織團體的總風險值(留意,總風險值不能是各風險值的簡單加總,見前一單元的說明),取得總風險值後,就可估計組織團體所需的風險資本 (Risk Capital)。組織總風險值扣除預期損失後的餘額,即為風險資本。資本的概念名稱有多種,例如:法定資本、會計資本等。近年來,風險管理與資本管理的整合已成重要課題。風險資本在資本管理中又可稱為經濟資本 (Economic Capital)。經濟資本與風險資本間,可交互使用,只是前者重

商業價值的概念,後者重風險管理的概念,兩者也都是支應非預期損失的資本(至於預期損失可透過提列準備金或定價策略因應,極端不可控的災難損失則可依情境分析法評估後,採取適當的應對風險手段)。經濟資本其實也是風險管理工具,是用來緩衝吸納損失的最後防線。經濟資本模型就是內部模型,組織如何建置經濟資本模型有其考量因素與原則。

一、建置經濟資本模型的原則

建置經濟資本模型的原則如下:第一、認清建置經濟資本模型是公司的責任;第二、經濟資本模型應配合公司業務特性、規模、風險組合與複雜度;第三、經濟資本模型應納入公司所有的重大風險;第四、經濟資本模型應納入公司的正式流程並有書面文件;第五、經濟資本模型應盡可能成為管理程序的一環與公司文化的一部分;第六、經濟資本模型應定期檢討改進,每年至少一次請外部機構檢視;第七、經濟資本模型應完整且具代表性;第八、經濟資本模型應盡可能具前瞻性;第九、經濟資本模型應能產出合理的結果。

二、建置經濟資本模型的考量因素

　　建置經濟資本模型的考量因素包括：第一、
內部模型的方法論、參數、工具與程序；第二、
公司資本適足性要兼顧政府與信評機構的要求；
第三、資產與負債個別評價基礎要一致；第四、
內部模型的風險變數及其相依性；第五、資本
的匯集、配置與替代；第六、風險值衡量方法；
第七、風險管理政策指導與資本配置；第八、
模型建置實務與基礎平台。此外，建置經濟資

本模型主要的決策項目包括：第一、評估期間與信賴水準的選定；第二、資
本的界定與觀點；第三、採用何種風險量值；第四、要包括哪些風險；第五、
採用何種內部模型法；第六、風險彙集方式；第七、未來現金流量折現方法；
第八、是否包括新業務。

三、政府監理機構對經濟資本模型的規範

　　最後，政府監理機構對經濟資本模型
的規範包括：第一、內部模型的目的；第
二、內部模型的功能；第三、內部模型準
則；第四、內部模型的設計；第五、統計
品質測試；第六、模型校準測試；第七、
模型使用測試；第八、事先核准；第九、
監理官責任；第十、監理報告與揭露。

圖4-9-1　市場風險的經濟資本

1% 機率　　　經濟　資本

預期損益

獲利

風險值　　0

圖4-9-2 資產組合的信用損失分配（不服從常態分配）

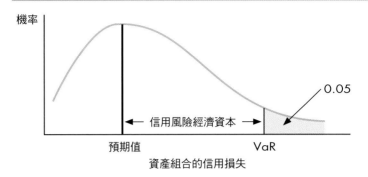

機率

0.05

信用風險經濟資本

預期值　　　　　　　　　　　　　VaR

資產組合的信用損失

圖4-9-3 政府監理機構對經濟資本模型的規範

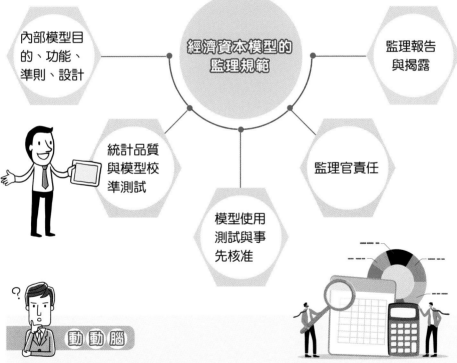

內部模型目的、功能、準則、設計

經濟資本模型的監理規範

監理報告與揭露

統計品質與模型校準測試

監理官責任

模型使用測試與事先核准

動動腦

❶ VaR 與經濟資本有何關聯？

❷ 經濟資本常是金融保險業吸納損失的工具，也是政府監理金融保險業的手段，非金融保險業的資本雖也可用來吸納損失，但側重在實體投資用，所以需要建立經濟資本模型嗎？想想看。

❸ 經濟資本模型的監理規範內容為何？

Chapter **4**

財務風險評估

財務風險管理的實施（三）──

Chapter 5

財務風險管理的實施（四）──
財務風險的應對 (I)

如何應對財務風險，才是財務風險管理重中之重，蓋因只知道存在財務風險，利用財務模型評估財務風險有多大，但不知道如何應對財務風險，那是沒用的。本單元先簡略說明所有應對財務風險的方法。

一、利用財務風險

財務風險的特性（尤其是市場風險）是投機風險（有獲利或虧損的可能），非純風險（只有虧損的可能），因此很適合被利用來創造獲利的可能，提升組織價值（參閱下一單元）。

二、財務風險控制

簡單來說，財務風險控制是指任何可以降低財務風險事件發生的可能性，或縮小其嚴重性的措施。例如：採用財務預警或財務風險限額。財務風險管理上，只有財務風險控制是很危險的，只有財務風險融資則避險成本會高，兩者間應透過成本效益分析做財務的搭配連動。

三、財務風險融資

財務風險融資是為了籌集彌補損失資金的財務管理規劃。這主要包括衍生品、信用保險、應收帳款保險，以及也涉及適合財務風險融資的具資本與保險特質之另類風險融資 (ART: Alternative Risk Transfer) 市場的商品，例如：多重啟動保險、電力衍生品等。

四、財務風險溝通

財務風險感知會影響對財務風險的態度，針對此種風險心理人文面的應對，就須靠財務風險溝通。

五、財務風險管理決策

財務風險管理須做決策，這可分個別型決策與組合型決策。

六、財務危機管理、營運持續管理與資產負債管理

財務危機管理、營運持續管理與資產負債管理，是財務風險管理的特殊支流。在財務風險變成危機時，與危機解決後，如何快速復原，維持正常營運以及整體從組織的資產負債面做管理，就成為財務風險管理的特殊課題。

表5-1-1 非正式應對財務風險心法

前一頁談的，都是正式應對財務風險的手法，但搭配非正式應對的心法（原九種心法中有七種適合應對財務風險，參見拙著《超圖解風險管理》一書）也相當重要。

心法	非正式原則
心法 1	深入了解組織的獲利，比了解虧損重要。
心法 2	避談財務風險管理責任，也就是少責難。
心法 3	別認為不是自己的問題。
心法 4	別隱瞞，要揭露。
心法 5	一枝草一點露。
心法 6	小兵立大功，也就是從小處著手，可解決大危機。
心法 7	別想著：「我會這麼倒楣嗎？」

圖5-1-1　應對財務風險必須設置的防線

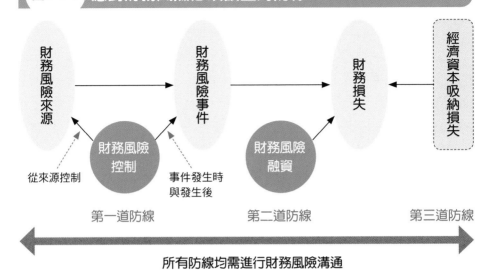

財務風險來源 → 財務風險事件 → 財務損失 ← 經濟資本吸納損失

財務風險控制

從來源控制

事件發生時與發生後

財務風險融資

第一道防線　　　　第二道防線　　　　第三道防線

所有防線均需進行財務風險溝通

動動腦

1. 想想為何非正式應對財務風險的心法也很重要？
2. 人類在應對任何風險的手段上，是否有其極限？
3. 說說應對財務風險三道防線的作用。

財務風險可加以利用，但要用對時機與方法。利用的目的當然是獲取利潤，不像其他應對財務風險的方法，目的是在降低財務風險或避險。財務風險較別種風險更容易被利用，因財務風險有價格升貶差價的特性（例如：利率差價、匯率差價、房價差價等），這種利用差價獲利的情況是重要的商業活動。

一、財務風險的利用

利用財務風險 (Exploit Financial Risk) 可有如下幾種情況：

第一、貨幣貶值時：貨幣貶值對債權人雖是重大風險，但並非無可利用處，例如：須以兩種貨幣支付的工程計畫。

第二、商品內外差價懸殊時：出口商品價格遠比國內價格低廉時，利用差價獲利機會大。

第三、企業普遍信用破產時：藉由企業普遍破產時購併，擴充組織實力。

第四、借貸投機：利用貨幣升貶值，借貸投機獲利。

第五、衍生品交易：利用期貨或選擇權獲利。

二、如何利用財務風險

第一、分析利用財務風險的可能與價值：這要分析是否可行、是否有價值，與是否有必要等問題。這些都有答案，就可伺機行事。例如：利用匯率風險時，要分析官價與市場價的差異，有否調劑獲利的可能，同時考慮政府管制是否嚴格，再行利用。

第二、計算利用財務風險的代價：計算財務風險的代價當然是指萬一利用失敗時的損失。計算這些損失時，要包括直接損失、間接損失與隱藏損失。

第三、評估組織對財務風險的承受能力：這與組織財力有關，要承擔可承受的財務風險，否則得不償失。換言之，要冒合理可容忍的財務風險。

第四、制定方法與實施步驟：要制定執行的方法與步驟，監測執行期間的干擾活動並想好因應之道。

第五、選擇時機，因勢利導：財務風險變化快，何時可利用財務風險要慎選並因勢利導。

三、財務風險利用守則

1. 要當機立斷：避免猶豫不決。
2. 決策要慎重：尤其在判斷上應避免判斷偏誤 (Bias) 與雜訊或雜音 (Noise)（雜訊或雜音指的是人們不樂見的判斷變異，參見遠見天下文化出版《雜訊》一書）。
3. 嚴密監測財務風險的變化。
4. 要量力而為：也就是在財務風險可容忍的範圍內冒險。
5. 要應變有方：善用應對財務風險的各種方法。

圖5-2-1 利用匯差獲利

本國貨幣貶值

大量賣出本國貨幣換成外幣

發大財

圖5-2-2 **利用商品內外差價獲利**

出口商品價格遠比國內價格
低廉時,利用差價獲利。

圖5-2-3 **購併信用破產的企業**

圖5-2-4 利用貨幣升貶值，借貸投機獲利

動動腦

1. 股市不好時，有人建議「危機入市」，這是否在利用財務風險？
2. 如何利用財務風險？
3. 利用財務風險是否比利用危害或作業風險容易？理由是？

5-3 財務風險控制的意義與類別

財務風險事件（尤其市場風險）比別種風險（危害與作業風險）事件，較難由風險負責人（也就是任何個人與組織團體）掌控其發生的可能性，例如：銀行擠兌潮、利率政策、

股市崩盤等引發的財務風險事件。然而，風險負責人卻可藉由減少曝險額，縮小其嚴重性。

一、財務風險控制的涵義

應對財務風險的第一道防線，當推財務風險控制 (Financial Risk Control)，俗諺「預防重於治療」就是此理。所謂財務風險控制（或可稱財務風險抵減，Financial Risk Mitigation），指的就是為了降低財務風險程度的任何軟性與硬體措施而言。這些措施不是可降低財務風險事件發生的可能性（或頻率），就是可縮小嚴重程度（或幅度），或兩者兼具。

二、財務風險控制的類別

1. 財務風險迴避：財務風險迴避 (Avoidance) 是指企圖使財務風險事件發生機率等於零的措施，這與預防、財務風險融資的避險不同。預防著重降低財務風險事件發生的機率，但不企圖降至零。避險屬於損失與利益對沖的性質，英文用 "Hedging"。理論上，信用風險與流動性風險可用迴避措施應對，但不實際，然對市場風險則難用迴避措施應對。

2. 財務風險的預防與抑制：財務風險的預防 (Prevention) 主要是降低財務風險事件發生的機率。對市場風險言，風險負責人難事先採取降低財務風險事件發生機率的手段，即使有預警（預警只是事先提醒管理者有財務風險事件發生的徵兆，動態財務分析就是重要的財務風險

預警工具），但對信用風險與流動性風險而言，則能依據預警的訊息（例如：超過財務警戒值、雷達圖顯示的訊息），事先採取降低財務風險事件發生機率的預防手段。財務風險的抑制 (Reduction) 則是在縮小損失幅度，這可透過減少曝險額，進而縮小損失幅度。應對市場風險可採減少曝險額的抑制手段。對信用風險則可要求對方提供抵押品或保證，達成信用風險抵減的目的。另外，組織團體針對財務風險的內部控制與內部稽核機制亦歸此類別。

3. 財務風險隔離與組合：財務風險的隔離與組合可說是一體兩面。財務風險隔離就是財務風險分散，財務風險隔離 (Segregation) 的目的是企圖降低經濟個體對特定事物或人的依賴程度，例如：將資金投資在不同的股票或基金。財務風險組合 (Combination or Pooling) 係指集合許多曝險體，達成平均財務風險預測損失的目的。例如：投資業務的組合等。

4. 財務風險轉嫁─非保險契約控制型：財務風險轉嫁─非保險契約控制型 (Non-Insurance Contractual Transfer-Control Type) 係指轉嫁者將財務風險的法律責任轉嫁給非保險人。該承受者不但承接了財務風險的法律責任，也承受因而導致的財務損失。例如：信用風險委託徵信機構調查的契約。

圖5-3-1 信用風險控制之一

抵押

借款

圖5-3-2 流動性風險預警

流動資產
（現金、存貨）

$$\frac{流動資產（現金、存貨）}{流動負債（應付帳款）} < 1$$

流動負債
（應付帳款）

 流動資產除以流動負債如果小於1，代表短期償債能力出問題，要想辦法控制風險

Chapter **5**

財務風險的應對（一）——
財務風險管理的實施（四）——

圖5-3-3 財務風險隔離（財務風險分散）

 動動腦

1. 對財務風險隔離與組合，各舉一例。

2. 財務風險轉嫁—非保險契約控制型為何意？

3. 減少財務風險曝險額是屬於何種財務風險控制手段？

5-4 財務危機管理與營運持續計畫

一、財務危機管理與其目標

財務危機管理 (Financial Crisis Management) 與營運持續管理 (BCM/BCP: Business Continuity Management/Plan) 是財務風險管理的特殊支流，性質上偏向財務風險控制的特性。簡言之，危機 (Crisis) 就是「危險與轉機」，危機有許多類型，財務危機是其中之一。處理危機得宜，組織團體可以存活。否則，可能萬劫不復。財務危機可分為四個不同階段：1. 財務危機潛伏期，例如：盲目擴張冒險投資時，這段期間財務預警系統會出現某些徵兆；2. 財務危機爆發期，例如：流動資金出現缺口、銀行出現擠兌潮；3. 財務危機惡化期，例如：債務到期可能無法支付；4. 財務危機解決期，能解決最好，否則可能宣告破產。其次，財務危機管理可規範為經濟個體如何利用有限資源，透過財務危機的辨認分析及評估而使財務危機轉化為轉機的一種管理過程，也可稱之為緊急應變計畫 (Emergency Planning)。最後，財務危機管理的目標就是求生存，此目標與風險管理損失後的目標是一致的。

二、財務危機管理過程

財務危機管理過程可以分為五個步驟：第一是財務危機的辨認。財務危機的認定必須保持警覺，正確判斷各類徵兆；另外，邀集公司各部門的主管，以腦力激盪思考的方式假設各種可能的財務危機，用這個方法，吾人可列出一張冗長的清單，然後過濾評比可能性。第二是財務危機管理小組的成立，該小組成員的權責要明確，避免混淆。第三是資源的調查，例如：何處可取得外部融資的資金。第四是財務危機處理計畫的制定。第五是財務危機處理的演練與執行。

三、財務危機管理成本與效益

財務危機管理成本可分為易確認的成本與不易確認的成本。易確認的成本大致上包括處理財務危機所需的交通費，與財務危機訓練成本等。不易確認的成本則是員工於財務危機期間，工作無效率的成本。財務危機管理效益大致包括公共關係得以改善，以及財務危機處理經驗的獲得等。

四、營運持續管理／計畫的意義與性質

財務危機轉危為安時，組織團體應立即啟動營運持續管理／計畫。營運持續管理／計畫是一種整合性的管理過程，它是為了保障重要關係人利益、商譽名聲、品牌與創造價值的各類活動，整合營業衝擊評估 (BIA: Business Impact Assessment)，提供建立組織團體復原力的架構與有效反映風險的能力。其次，財務危機管理重財務危機的立即解決，有時間緊迫性，主要實施於危機發生期間。營運持續管理／計畫其目的是，在遭受重大財務風險事件後，如何有效達成復原力，持續維持營運，提升長期競爭力。財務風險管理則須建立在平時，終極目標是提升價值。

圖5-4-1 **財務危機與信任雷達（信任是危機化為轉機的核心要素）**

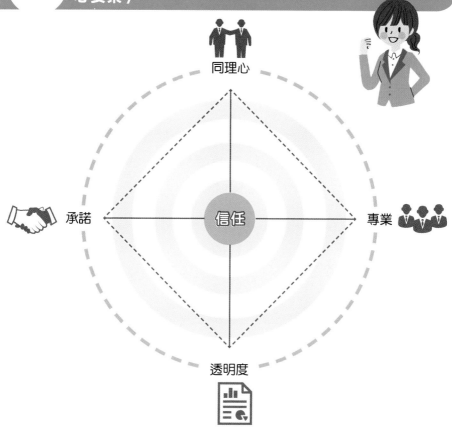

圖5-4-2 **財務危機走向圖**

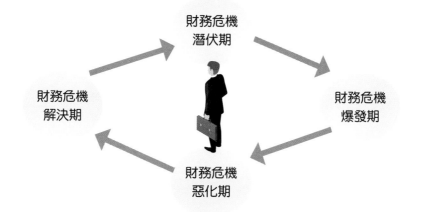

圖5-4-3 營運持續管理／計畫的建置

BC 監督層
內控內稽監督

BC 組織與執行層
執行時程表；協調各部門

BC 策略層
選擇最佳策略方案；分析資源需求等

了解組織層
營業衝擊評估（BIA）；找出MCA；進行缺口分析等

BCP 基礎層
建置時，了解利害關係人的利益；制定政策；組成BCM小組；編製預算與擬定計畫等

BCM自覺與訓練

動動腦

1. 為何危機真正爆發前，很多人總會有防衛的自閉心理，不願承認有危機？理由可能是？

2. 財務危機管理成本與效益為何？

3. 財務危機管理與 BCM/BCP 間的關聯性為何？

Chapter **6**

財務風險管理的實施 (五)——
財務風險的應對 (II)

6-1 財務風險融資的涵義與類別

應對財務風險上，利用與控制財務風險的同時，要搭配第二道防線——財務風險融資／理財才算完整。僅使用其中一項應對財務風險，均是不足且危險的，也耗費成本。近年，風險證券化 (Risk Securitization) 現象使傳統保險有了新

風貌，此新風貌改變了保險無法承保財務風險的固有缺失。本單元說明財務風險融資 (Financial Risk Financing) 的涵義與類別。

一、財務風險融資的涵義

所謂財務風險融資指的是面對財務風險可能導致的損失，人們如何籌集彌補損失的資金，以及如何使用該資金的一種財務管理過程。具體言之，它係指在損失發生前，對資金來源的規劃，而在損失發生時或發生後，對資金用途的引導與控制。性質上，下列三點，吾人須留意：第一、財務風險融資雖與財務管理相同，在追求組織價值的極大化，但財務風險融資重點是在損失的彌補，自與財務管理的重點有別；第二、財務風險融資以決策的適切化 (Optimization) 替代所謂的最大化 (Maximization)；第三、財務風險融資重風險因子 (Risk Factor) 對現金流量 (Cash Flow) 的影響。

二、財務風險融資的類別

就彌補損失的資金來源區分，財務風險融資基本上只有兩類：一為財務風險承擔 (Financial Risk Retention)；另一為財務風險轉嫁—融資型 (Financial Risk Transfer-Financing Type)。財務風險承擔係指彌補損失的資金，源自於經濟個體內部者。反之，如源自於經濟個體外部或外力者，稱作財務風險轉嫁—融資型。

前者，如自我保險 (Self-Insurance) 等；後者，如信用保險與衍生性商品 (Derivatives) 等。其次，就損失前後區分，財務風險融資可分為：損失前融資 (Pre-Loss Financing) 與損失後融資 (Post-Loss Financing)。兩者的區分依據三項標準：第一、彌補損失資金的融資規劃，是在損失發生前，抑或之後；第二、融資成本的負擔是在損失發生前，抑或之後；第三、融資的條件，損失前可否知道與訂定。最典型的損失前融資措施就是信用保險、衍生性商品、自我保險。很明顯地，這些財務風險融資規劃的時機均需於損失發生前為之，損失發生前要負擔融資成本，也能事前知道與訂定融資的條件。銀行借款、出售有價證券與發行公司債來彌補損失等，則均屬損失後融資措施。這些損失後融資措施與自我保險，均是屬於財務風險承擔的性質。信用保險與衍生性商品則是財務風險轉嫁（或有人也將其稱為「避險」，但作者認為它與 UNIT 5-3 所提的「避險」，嚴格來說，還是有別）。

圖6-1-1 財務風險融資

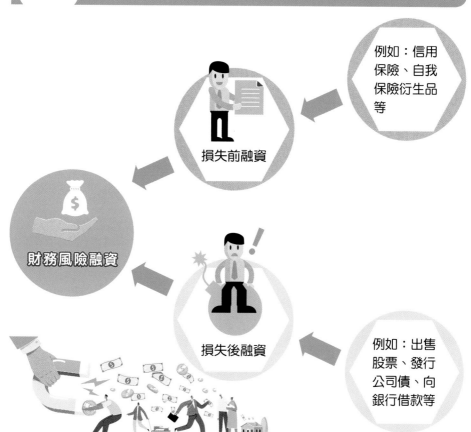

例如：信用保險、自我保險衍生品等

損失前融資

財務風險融資

損失後融資

例如：出售股票、發行公司債、向銀行借款等

小博士　標會的起源——中國民間傳統的財務風險融資

標會起源眾説紛紜。有一説，指出起源於福州民間，後來傳到溫州，這對後來溫州商人的崛起有直接的影響關係。會中的系統分為「會頭」（即發起人）和「會仔」（即會員），有些會員入會還需要有擔保人推薦。發起人一般是為了做生意才做「會」的，而會員入會則是為了以防萬一，當急需用錢時，不需要向人借。又有一説，是指由東漢的龐德公所發明，但是如何創立卻無記載可考。還有一説，指出標會起源於晉代竹林七賢。由於江蘇、安徽等地曾盛行過七人倫會的七賢會，故説起源於此。另外，在敦煌發現的古代文書記載中發現，標會可能是在唐宋時期由印度隨著佛教東傳而來。

標會，又稱抬會、打會、跟會，是一種具有悠久歷史的民間信用融資行為，具有籌措資金和賺取利息雙重功能，通常建立在親情、鄉情、友情等血緣、地緣關係基礎上，帶有合作互助性質。標會是一個概稱，具體的會名五花八門，有日日會、互助會、樓梯會等。由於缺乏具體法律約束，操作的隨意性大，標會帶來了一系列不良社會後果，應該引起關注。

* 取材自：公開網站

動動腦

1. 因資金流動性風險要外部融資，請問是損失前，還是損失後融資？或是兩者均可？

2. 針對財務風險導致的預期損失，企業提列準備金，是否是財務風險承擔？理由是？

3. 參加民間的標會是否存在信用風險？如存在，其風險來源會是什麼？

6-2 信用保險 (I)

財務風險中可用傳統保險來應對的,當屬承保信用風險的信用保險 (Credit Insurance)(後面單元的信用衍生品也是應對信用風險的工具)。市場風險與流動性風險則可採用衍生品、變種保險,與其他財務風險融資手段來應對。那麼,保險是什麼?保險如何產生?就有必要事先了解。

一、保險是什麼

對保險界來說最為簡潔也最權威的定義,當推作者恩師陽肇昌[1]先生的定義。恩師對保險的定義如下:保險 (Insurance) 乃集合多數、同類危險 (Risk)[2],分擔損失之一種經濟制度。此種界說有三點值得注意:第一、指明保險是風險的組合;第二、指明保險的作用是損失的分擔 (Sharing of Loss);第三、指明保險制度是屬於一種經濟制度。從保險人經營的立場言,此種界說是相當貼切的。另一方面,就投保人立場言,所謂保險係指不可預期損失的轉嫁和重分配的一種財務安排。最後,保險有兩種基本功能:一為透過組合,降低風險;另一為損失的分擔(這就是人類互助本質的呈現)。同時,購買保險是把不確定 (Uncertainty) 且大的 (Large) 損失,轉化為確定 (Certainty) 且小的 (Small) 保費支出。

Real Estate

二、保險如何產生

保險的產生是來自人類互助的本質。以極為簡單的互助約定來觀察,現

---

1 恩師陽肇昌先生,創設逢甲大學保險研究所(現稱風險管理與保險研究所)。恩師雖已仙逝,但其保險的造詣與對台灣保險教育的遠見及貢獻極大,台灣保險產官學界裡,眾多翹楚均是恩師的學生,其行誼與事業成就堪為所有後學的典範。

2 英文「Risk」,恩師堅持譯為「危險」,不可譯成「風險」。這自有其時空背景與當時專業的觀點。此譯名也一直被現今台灣保險業界奉為標準譯名。

有兩家公司雙方互相約定，各自幫對方負擔廠房因火災損失的一半，同時假設兩家公司面對的火災損失分配均相同，互助約定前後的損失分配如下表：

互助約定前後的損失分配

機率	損失金額		機率	損失金額
0.8	$0		0.64	$0
0.2	$2,500	互助約定後 →	0.16	$1,250
			0.16	$1,250
			0.04	$2,500

根據上表數據計算，每家公司未有互助約定前，均面臨 500 元的平均損失，標準差（代表風險）是 1,000 元，也就是每家公司面對的是 1,000 元的火災風險。然而，透過互相的約定，組合在一起則風險降低，各自面對比 1,000 元為低的 707 元的火災風險。顯然，兩家公司所簽訂的互助合約發揮了降低風險的作用。例中的互助約定，假如兩家公司老闆熟識，便容易簽訂。然而，廣大陌生的群眾也會有此種互助需求，此時就需風險中介人，而這中介人就是保險業。

動動腦

1. 年齡 60 歲與 20 歲的人買同
   一壽險商品，保險費會不同，
   這是因為什麼關係？
   （　）大數法則　（　）風險異質　（　）損失分攤
2. 鋼筋水泥建築與木造房屋間，火災風險有何不同？
3. 有人說：「保險是最神聖的行業」，你如何解釋？
4. 保險公司僱用一堆人賣保險，這是根據什麼理論基礎？

圖6-2-1 保險的理論基礎

大數法則

每顆骰子有六面，分別是 1, 2, 3, 4, 5, 6 點，平均值 3.5 點。丟 10 次的點數平均很難接近 3.5，而丟 10 萬次的點數平均就會很接近 3.5。

風險異質

老　　中　　青　　幼童

上列不同族群，死亡風險不同質

損失分攤

損失分攤有風險分散的概念

上游　　　　　　　　　　　　　　下游

貨物一堆　　　　　　　分船運送（分散貨物損失風險）

6-3 信用保險 (II)

一、信用保險的涵義

信用保險可轉嫁信用風險，它是以商品賒銷和信用放貸中的債務人信用作為保險標的，在債務人未能履約償債，而使債權人蒙受損失時，由保險人向被保險人（也就是債權人）提供補償損失的一種保險。

二、信用保險的類別

1. 依據保險標的性質的不同：信用保險可分為商業信用保險（這又可分為貸款信用保險、賒銷信用保險與預付信用保險）、銀行信用保險，與國家信用保險。

2. 依據保險標的所在地理位置的不同：信用保險可分為國內信用保險與出口信用保險。值得留意的是，出口信用保險是出口商（權利人、被保險人、投保人）向保險人（出口信用保險公司），投保進口商（擔保義務人、被保證人）能否按期支付貨款的信用風險。由於此種信用保險的承保風險比較大，所以大部分國家把出口信用保險列為政策性保險，由政府設立專門的政策性保險機構經營，例如：中國出口信用保險公司。

另外，市場上有稱為應收帳款保險的保險商品，性質上屬於賒銷信用保險或出口信用保險。該保險可在企業因買方財務困難、倒閉破產或其他政治因素，導致無法如期收到款項時，透過應收帳款保險獲得補償，降低企業蒙受的損失，使企業的現金流獲得保障，並在同意賒帳的貿易條件下，保障自身權益，同時協助評估客戶信用風險，確保企業業務不會因財務損失而喪失其他貿易機會。

三、信用保險的功能

1. 可協助被保險人調查債務人的信用風險，在應收帳款期限將至時，由

保險公司代為催款，提升帳款回收效率。

2. 可保障被保險人的經營正常運作，透過損失的彌補，被保險人可拓展業務，保持競爭力。

3. 可消除因提列呆帳對被保險人資產負債的不良影響，信用保險可降低提列呆帳的比例，確保穩定的現金流量，有助於抵減流動性風險。

4. 信用保險可增強被保險人的信用，有助於提升對外融資的條件。

5. 信用保險公司可依當下經濟情勢，調整債務人信用額度並通知被保險人，以利於應收帳款的管理。

6. 信用保險公司可依當下政經社情況，對被保險人提供信用風險管理的建議。

最後，信用保險與後面單元的信用衍生品，也都是信用風險融資的工具，但兩者間，則各有不同的功能與作用。

圖6-3-1 出口信用保險

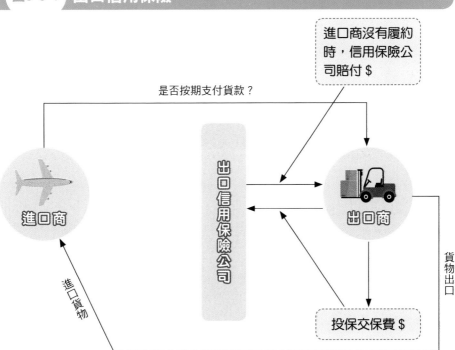

進口商沒有履約時，信用保險公司賠付 $

是否按期支付貨款？

進口商

出口信用保險公司

出口商

進口貨物

貨物出口

投保交保費 $

圖6-3-2　信用保險的功能

06 提供信用風險管理的建議

01 協助調查債務人的信用風險

05 調整債務人信用額度，以利於應收帳款的管理

02 保障被保險人的經營正常運作

04 可增強被保險人的信用

03 可消除因提列呆帳對被保險人資產負債的不良影響

動動腦

1. 除了變種保險外，傳統保險很難承保市場風險，但卻可承保信用風險，為什麼？

2. 信用保險有何功能？

3. 應收帳款保險性質為何？

6-4 衍生性商品 (I)

應對財務風險最常用的財務風險融資工具，當推衍生性商品，其性質與保險商品不同。衍生性商品重利得與損失間的對沖（見下圖 6-4-1），保險商品則提供風險轉嫁，如前一單元的說明，信用保險商品可轉嫁信用風險。

一、衍生性商品的涵義

簡單說，日常生活裡的預售屋合約，就是很典型的衍生性商品。蓋因，這紙合約價值會受到未來房價的影響。因此，廣義地說，如果某商品價格會受到其他商品價格的影響，那麼該商品就可被稱為衍生性商品。衍生性商品合約交易的標的，都是在未來才能買進或賣出，不像日常生活的現貨交易，當交易合約完成，交易的標的即刻轉手，亦即標的的買進或賣出即刻完成。因此，衍生性商品合約具有五項特性：第一、具有存續期間，也就是距離合約到期日的長短。第二、載明履約價格或交割價格，也就是合約中事先預定所需買入或賣出的價格。第三、載明交割數量，也就是未來所需買進或賣出標的資產的數量。第四、載明標的資產，標的資產可分實質資產與財務／金融資產兩大類，而金融資產又分貨幣市場金融資產（例如：國庫券等）、資本市場金融資產（例如：普通股票與公債等），與外匯市場金融資產（例如：美元外幣等）。第五、載明交割地點，當可供交割地點有多處時，這項約定就很重要。

二、衍生性商品的基本型態

衍生性商品主要被避險者用來迴避財務風險。可用來迴避財務風險的基本工具有遠期契約 (Forwards)、期貨契約 (Futures)、交換契約 (Swaps) 與選擇權契約 (Options)。這四項工具中，選擇權契約是唯一可使交易的買方，因不履約而可能獲利，以及因履約而迴避損失的合約。其餘三項工具所提供

的只是迴避損失的功能。

三、衍生品間的互相建構

衍生品雖有四種基本型態，但它們可以互通，互相建構成不同型態。它們之間互相建構的方式約有五種：

1. 期貨契約是一連串遠期契約的結合。
2. 交換契約也是一連串遠期契約的結合。
3. 結合遠期契約與無風險證券可建立一個選擇權契約。
4. 選擇權間的相互建構可產生遠期契約。
5. 遠期契約可被分成一組各自獨立的選擇權契約。

以上也稱之為金融建構理論，利用這理論可重新設計衍生品，創造新型態的衍生品，進而滿足財務風險管理的需求。

表6-4-1 基本衍生性商品特性比較表

性質 ＼ 種類	遠期契約	期貨契約	選擇權契約	交換契約
標準化契約	無	有	不一定	無
交易所買賣	無	有	有	無
權利義務	義務	義務	買方：權利 賣方：義務	義務
違約風險	有	無	無	有
保證金	不一定	有	買方：無 賣方：有	不一定
權利金	無	無	買方：有 賣方：無	無

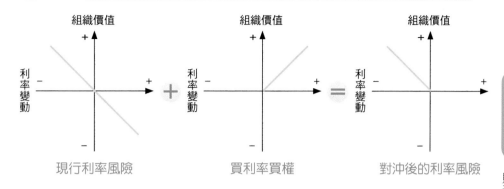

圖6-4-1 利用選擇權對沖利率風險

組織價值 + / 利率變動 − + 現行利率風險

+

組織價值 + 利率變動 − + 買利率買權

=

組織價值 + 利率變動 − + 對沖後的利率風險

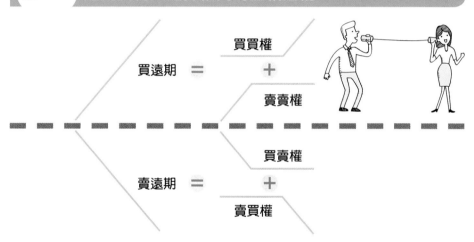

圖6-4-2 遠期契約與選擇權間的互相建構

買遠期 ＝ 買買權 **+** 賣賣權

賣遠期 ＝ 買賣權 **+** 賣買權

動動腦

❶ 預售屋合約為何也可稱為衍生品？

❷ 何謂金融建構理論？

❸ 衍生性商品合約的五項特性是？

6-5 衍生性商品 (II)

一、遠期契約

遠期契約係指持有遠期契約的人，也就是買方負有在特定時日，以履約價格購買特定資產的義務。設想麥農與麵粉廠老闆的相依關係：小麥價格低對麵粉廠而言，經營成本就低，獲利機會大；然而，相反的，麥農希望賣得好價錢，賺取利潤。對兩方來說，其他因素不考慮，單就小麥價格高低，會各自影響雙方的獲利。以麵粉廠來看，利潤與小麥

價格的關係，如圖 6-5-1，該圖顯示，利潤與小麥價格間，呈反向變動。反過來說，以麥農來看，如圖 6-5-2，該圖顯示，利潤與小麥價格間，呈正向變動。換句話說，麵粉廠老闆擔心未來小麥價格漲，麥農擔心未來小麥價格跌。此時，兩者均可主動找合適的對象，簽訂遠期契約，以避免未來小麥價格波動的財務風險。

假如，麵粉廠老闆預期未來三個月小麥價格會漲，這時，老闆必須尋求與擔心未來三個月小麥價格會跌的麥農訂約。由於遠期契約是量身訂做契

約，又無正式交易場所，因此，遠期契約的搜尋成本[1] (Searching Cost)高。假如，麵粉廠在正常期間需小麥100 單位，每單位假設是 50 元，在此價格下，麵粉廠可獲利 100 萬。麵粉廠老闆擔憂未來三個月，小麥每單位會漲 1 元，那麼麵粉廠的利潤將減少。而現在老闆找到合適麥農，兩人

---

1 搜尋成本是商業活動交易雙方為完成交易所花的時間、人力與物力。經濟學界有學者因研究搜尋成本理論獲得諾貝爾獎，該理論可提供協助解決各國失業問題。

約定未來三個月，麥農均以每單位 50 元賣小麥給麵粉廠。若是這樣，不論麵粉廠老闆或麥農，在未來三個月均不用擔心小麥價格漲跌的問題。這項合約就是遠期契約。在這約定下，對麵粉廠與麥農而言，遠期契約各自的報酬線，分別如圖 6-5-3 與圖 6-5-4，而未來三個月，麵粉廠將仍維持正常情況下的利潤 100 萬，如圖 6-5-5。

圖6-5-1 利潤與小麥價格的關係——麵粉廠

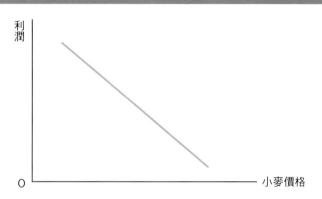

圖6-5-2 利潤與小麥價格的關係——麥農

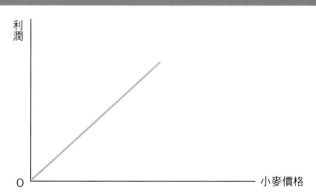

二、期貨契約

　　期貨契約其實就是遠期契約的變種，它是在期貨交易所買賣的標準化遠期契約。遠期契約中，所提麵粉廠與麥農的例子，如兩者訂的是遠期契約，雙方必須見面；如是期貨契約，兩者無須見面，交易的進行是透過中介角色的交易所完成，只要雙方按規定，即可順利完成交易。麵粉廠是期貨契約的買方，訂約時不用付權利金，但與麥農一樣要繳保證金，目的在降低違約風險。麵粉廠的期貨報酬線，同樣如圖 6-5-3，圖中縱軸改成期貨報酬即可。最後，遠期與期貨契約間，有三點值得留意：第一、遠期契約只有在契約到期日時，才會有現金流量的變動，但期貨契約因每日結算，現金流量與損益每日變動；第二、遠期契約搜尋成本與違約風險高過期貨契約，但標準化的期貨契約對交易者的基差風險高過遠期契約；第三、由於標準化的關係，期貨契約的流動性與變現性均比遠期契約高。

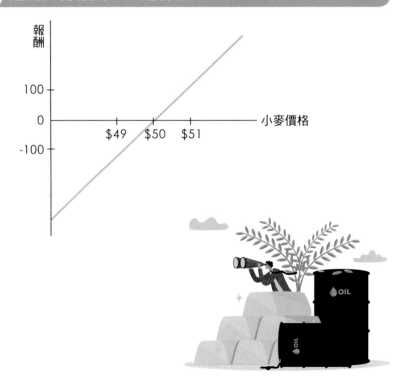

圖6-5-3　遠期契約報酬──麵粉廠

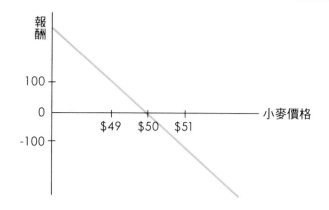

圖6-5-4 遠期契約報酬──麥農

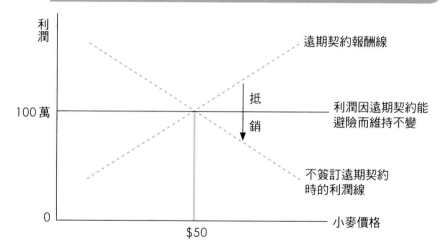

圖6-5-5 麵粉廠的避險效果

動動腦

① 遠期與期貨契約差別在哪裡？

② 搜尋成本是何意？遠期與期貨契約相比，搜尋成本哪個高？

③ 以石油市場為例，繪製石油買家的遠期契約報酬線。

6-6 衍生性商品 (III)

一、交換契約的涵義與類別

簡單來說，交換契約是允許交易雙方，在未來特定的期限內，以特定的現金流量交換的一種合約。基本上，交換契約可分四大類：第一、利率交換，這是固定利率與浮動利率間，現金流量的交換；第二、貨幣交換，這是不同貨幣間，本金與利息的交換；第三、權益交換，這是固定報酬率與股票報酬率的交換；第四、與信用衍生相關的信用違約交換與總報酬交換（見圖 6-6-3）。

二、利率交換

利率交換就是交易雙方互相約定，在未來特定期間互相交換不同利率指標的利息，這個過程會產生現金流入與流出。假設甲、乙各向銀行貸款，甲與銀行簽兩年期 120 萬，利率固定 4% 的合約；乙與銀行簽兩年期 120 萬，利率是基本放款利率 1.8% 加碼 2.2%，每年調整一次的浮動利率合約。甲預期未來利率會調降，乙則預期利率會上升，甲、乙此時互簽利率交換契約。其中規定，未來兩年甲幫乙付利息，乙幫甲付利息，只要未來兩年利率漲跌各如甲、乙所料，甲、乙均可迴避損失。透過利率交換，甲利息支出由原先 120 萬乘 4%，改成 120 萬乘基本放款利率 1.8% 加碼 2.2%；未來如基本放款利率降 1%，則甲只依 3% 的利率支息，迴避了利息損失。對乙來說，透過交換，乙利息支出由原先 120 萬乘基本放款利率 1.8% 加碼 2.2%，改成 120 萬乘 4%；未來如基本放款利率漲 1%，則乙只依 4% 的利率支息，同樣迴避了利息損失。如沒有利率交換，乙則要依利率 5% 支息，但此時只要依 4% 支息即可。顯然，利率交換的現金流量，決定於交易雙方利率的差額，閱圖 6-6-1。最後，交換契約的風險低於遠期契約，卻高於期貨契約。交換契約與期貨契約皆為一連串的遠期契約的組合。

三者間主要的差異是違約風險程度的不同。

三、信用違約交換

　　信用違約交換類似保險契約，契約的一方稱為信用保障承買人 (Protection Buyer)，另一方稱為信用保障提供人 (Protection Seller)。信用保障承買人在未來約定期間內，固定支付一筆費用給信用保障提供人，而信用保障提供人只有在合約信用資產 (Reference Equity) 發生違約時，才需對買方進行合約信用資產的交割。信用違約交換的交易過程，參閱圖 6-6-2。依圖 6-6-2，信用保障承買人持有債券的信用資產，由於擔心債券的違約信用風險，因而與信用保障提供人簽定信用違約交換。當債券違約時，信用保障提供人可以現金方式交割或實體方式交割。現金方式交割是以違約債券本金扣除剩餘價值後的餘額支付給信用保障承買人。實體方式交割是違約債券發生時，信用保障承買人有權以約定好的價格將違約債券賣給信用保障提供人，信用保障提供人不得拒絕。

圖6-6-1 利率交換

（浮動利率現金流入）
（固定利率現金流出）

圖6-6-2 信用違約交換的交易過程

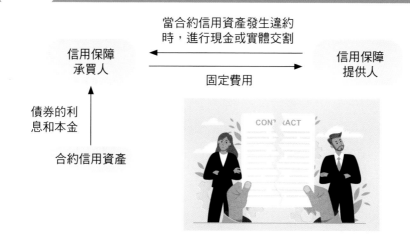

當合約信用資產發生違約時，進行現金或實體交割

固定費用

信用保障承買人　　　信用保障提供人

債券的利息和本金

合約信用資產

圖6-6-3 總報酬交換的交易過程

保障承買人交付利息、股利收入
與資本利得

**信用保障
承買人**

**信用保障
提供人**

債券本金利息

債券發行人

保障提供人支付

1. 無違約時：每期的浮動利息
2. 到期前違約：
   (1) 違約前每期的浮動利息
   (2) 違約時的名目本金扣除剩餘價值
3. 到期時違約：
   (1) 到期前每期的浮動利息
   (2) 支付違約時的名目本金扣除剩餘價值

動動腦

1. 信用違約交換類似保險契約，意即兩者間有差別，請想想差在哪？
2. 總報酬交換內容為何？
3. 說說交換契約的類別。

6-7 衍生性商品 (IV)

選擇權是可獲利又可迴避損失的衍生性商品，它可分買權 (Call Option) 與賣權 (Put Option)。這有別於只可迴避損失的其他三種衍生性商品。沿用前面麥農與麵粉廠的例子，先說明選擇權的買權，為何稱為「選擇」？從下列說明中即可知曉。

一、買權

所謂買權是指買方有權於到期時，依契約所定之規格、數量與價格向賣方買進標的物。標的物可以是財務資產，也可以是實質資產。麥農與麵粉廠間，可以簽訂買權合約，也就是麵粉廠由於擔心未來小麥價格上漲，相對的，麥農擔心小麥價格下跌。此時麵粉廠可以跟麥農約定，未來每單位小麥，麵粉廠以 60 元收購，這 60 元就是所謂的履約價格 (Exercise Price) 或執行／交割價格 (Delivery Price)，同時，簽約時麵粉廠要支付每單位 10 元的權利金 (Premium) 給麥農。依未來小麥價格的波動決定麵粉廠要不要履約；換言之，麵粉廠可選擇履約，也可選擇不履約，也就是買方（麵粉廠）有權利「選擇」，故稱為選擇權。

選擇權與遠期契約及期貨不同，也就是在遠期契約及期貨的情況下，麵粉廠無此權利。也因為這樣，麵粉廠這項買入買權 (Long Call) 的報酬線與遠期契約的報酬線不同，參閱圖 6-7-1。這項買入買權可使麵粉廠避掉價格波動的財務風險。相反的，對麥農來說，是簽訂了一項賣出買權 (Short Call) 的合約，其報酬線，參閱圖 6-7-2。同樣，這項賣出買權可使麥農避掉價格波動的財務風險。

二、賣權

另一方面，麥農也可以主動找麵粉廠簽訂賣權契約。所謂賣權是指買方有權於到期時，依契約所定之規格、數量與價格，將標的物賣給賣方。此時，對麥農言，是買入賣權 (Long Put)；對麵粉廠言，是賣出賣權 (Short Put)。設想這項賣權合約每單位的履約價格仍為 60

元，麥農要付的權利金每單位仍為 10 元。那麼，買入賣權與賣出賣權的報酬線，分別參閱圖 6-7-3 與圖 6-7-4。

三、選擇權契約的特性

綜合上述，選擇權有幾項基本特性值得留意：

第一、它有固定的交易場所；

第二、它不一定是標準化契約；

第三、只有買方有選擇的權利，賣方擔義務；

第四、因賣方擔義務，故只有賣方需繳保證金，買方則支付權利金；

第五、與期貨相同，無違約風險。

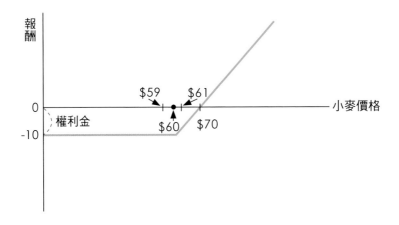

圖6-7-1 買入買權報酬線（相關訊息見下一單元表 6-8-1）

圖6-7-2 賣出買權報酬線（相關訊息見下一單元表6-8-2）

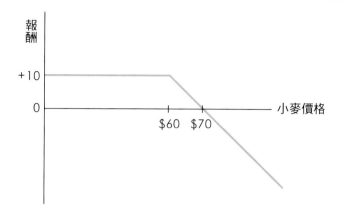

圖6-7-3 買入賣權報酬線（相關訊息見下一單元表6-8-3）

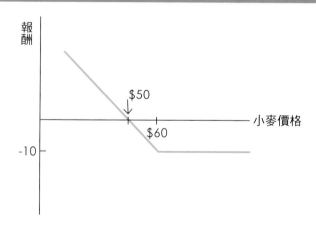

圖6-7-4 賣出賣權報酬線（相關訊息見下一單元表6-8-4）

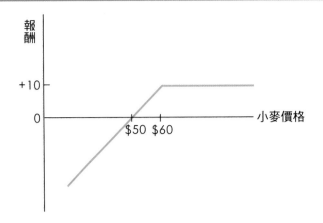

動動腦

1. 舉石油選擇權為例，為何叫選擇權？
2. 買入買權與買入賣權有何不同？
3. 選擇權基本特性為何？為何既可避險又可獲利？

6-8 衍生性商品 (V)

一、選擇權的類別

選擇權的類別，除買賣權外，從履約時間來說，選擇權可分美式選擇權 (American Option) 與歐式選擇權 (European Option)。美式選擇權可在到期日與到期日前任何一天進行履約，歐式選擇權則只能在到期日當天進行履約。其次，選擇權依標的資產或其價格可分為亞式選擇權 (Asian Option)，與以標的資產命名的各種選擇權。美式選擇權與歐式選擇權在履約時，標的資產價格就是履約時的價格，但亞式選擇權在履約時，標的資產價格是由過去一段時間的平均價格決定。以標的資產命名的各種選擇權，例如：利率選擇權與債券選擇權等。

二、利率與債券選擇權

利率選擇權，例如：某公司現行利率風險是利率上升時，公司的價值會下降。那麼購買利率上限買權，而在利率上升時，投資人就有利可圖，抵銷了下方／負向風險，參見單元 UNIT 6-4 圖 6-4-1。債券選擇權，參閱下圖 6-8-1，該圖顯示，債券最適的避險策略為購買債券的賣權。債券價格下跌，相當於利率上漲，使公司價值下跌。為了銷除下方／負向風險，購買債券的賣權，而在債券價格下跌時，投資人就有利可圖，抵銷了下方／負向風險。因此，利率的買權相當於債券的賣權。

三、權利金與選擇權價值

選擇權的買方要付權利金給賣方，這項權利金就是選擇權的價格[1]。至於選擇權的價值是指選擇權

---

1 選擇權價格的計算可用傳統的淨現值法，但以該法計算無法找出適當的折現率。然而，在 1973 年時，由 Fischer Black 與 Myron Scholes 共同在第 81 期的 *Journal of Political Economy* 中，發表著名的 Black & Scholes 歐式選擇權公式，簡稱 B-S 公式，解決了選擇權價格計算問題。此後，也促使財務工程 (Financial Engineering) 學門的發展。

在任何履約時點，可能展現的損益即代表選擇權價值的高低。權利金價格由市場供需決定，影響供需的變數總共六項：1. 標的資產價格；2. 履約價格；3. 距到期日時間；4. 標的資產報酬率的波動率；5. 無風險利率；6. 股利。其次，在其他變數不考慮情況下，標的資產價格與履約價格間的價差絕對值，亦即內含價值 (Intrinsic Value) 會影響選擇權的價值。當選擇權買方依目前標的資產價格，立即履約會產生獲利時，則該選擇權稱為價內選擇權 (In-the-money)；立即履約無任何損益時，稱為價平選擇權 (At-the-money)；立即履約會產生虧損時，稱為價外選擇權 (Out-of-the-money)。

因此，價內選擇權的內含價值會大於零，價平與價外選擇權的內含價值則等於零。此外，選擇權的價值不只來自內含價值，也來自距到期日時間長短的時間價值 (Time Value)，時間愈長，選擇權價值愈高。因此，選擇權的價值 = 內含價值 + 時間價值，也可以說選擇權權利金 = 內含價值 + 時間價值。價內選擇權權利金 = 內含價值 + 時間價值，價平與價外選擇權權利金 = 時間價值。值得注意的是，選擇權如已到期，則選擇權的價值 = 內含價值。

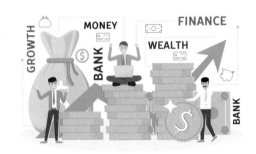

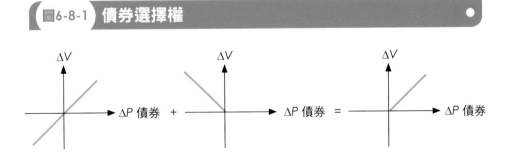

圖6-8-1 債券選擇權

表6-8-1 買入買權報酬的涵義

最大獲利	無限
最大風險	權利金
交易時機	認為價格或指數將大幅上揚
成本	權利金
損益兩平點	權利金＋履約價格

表6-8-2 賣出買權報酬的涵義

最大獲利	權利金
最大風險	無限
交易時機	認為價格或指數將小幅下跌
成本	保證金
損益兩平點	權利金＋履約價格

表6-8-3 買入賣權報酬的涵義

最大獲利	無限
最大風險	權利金
交易時機	認為價格或指數將大幅下跌
成本	權利金
損益兩平點	履約價格一權利金

表6-8-4 賣出賣權報酬的涵義

最大獲利	權利金
最大風險	無限
交易時機	認為價格或指數將小幅上揚
成本	保證金
損益兩平點	履約價格－權利金

動動腦

1. 選擇權的價值與價格有何差別？價格是什麼？受哪些變數影響？
2. 價平、價內與價外選擇權為何意？
3. 美、歐、亞式選擇權有何差別？

6-9 衍生性商品 (VI)

一、選擇權的交易策略

選擇權的交易策略共分四大類：第一、單一策略。前述麥農與麵粉廠的例子，就是屬於單一策略，也就是買買權、買賣權、賣買權與賣賣權，這些都屬於單一方向的交易。第二、避險策略。當避險者為了規避持有的現貨或是融券放空現貨價格波動的風險，可透過現貨與選擇權之

搭配達成避險目的，例如：保護性賣權等。第三、組合策略。該策略同時包含買權與賣權的買入或賣出，例如：賣出跨式 (Sell Straddles)[1] 與勒式 (Sell Strangles)[2] 策略等。第四、價差策略。該策略只包含買權價差或賣權價差，它是利用履約價格的不同或是到期日的不同，達到價差策略的目的，例如：賣出蝴蝶[3] 與禿鷹[4] 價差等。各類不同的策略均有其使用時機。例如：你持有股票，但已被套牢又不甘心賣掉，這時可採用保護性賣權的策略，若未來股票真下跌，賣權的獲利可補股票的損失，這叫保護性賣權；若未來股票真漲那最好，此時損失的只有權利金，而股票獲利。這就是透過現貨與選擇權之搭配，達成避險的策略。

---

1 賣出跨式是同時賣出到期日與履約價格均相同的買權與賣權之策略。

2 賣出勒式是同時賣出到期日相同，但履約價格相對高的買權與履約價格相對低的賣權之策略。

3 全由買權或賣權組合的價差策略就是蝴蝶價差，若由買權與賣權混合的價差策略稱為蝴蝶組合策略。由於其損益圖形像蝴蝶，故稱之。賣出蝴蝶價差與買進蝴蝶價差，同樣有四種建構方法。賣出蝴蝶價差，例如：賣出不同履約價格的不同買權各一口，並同時買進履約價格不同於賣出價格的買權兩口。

4 禿鷹價差與蝴蝶價差策略相同，但其損益圖形像禿鷹，故稱之。

二、衍生品避險的成本與效益

　　前提的四種基本衍生品均對財務風險的避險，各有其功效，也就是各有其避險效益。例如：買買權與買賣權的避險效益可能獲利無限大。然而，使用這些衍生品避險時，也需付出代價，這就是避險成本。避險成本有不同名稱，例如：選擇權買方的權利金 (Premium) 或外匯避險的融資費用 (Financing Fee)。公司實施避險策略時，例如：實施外匯避險，除需考量避險成本外，尚需考量可能的匯兌損益、風險部位、幣別比例、商品特性與期間等因素，才能擬訂適當的外匯避險策略，而此時外匯避險成本的高低，

主要取決於兩種貨幣的利率差異。例如：美元利率 5%，台幣利率 3%，那麼避險成本至少會有 2%。其次，常見的外匯避險方法有外匯換匯法[5] (FX Swap)、自然避險法[6] (Natural Hedging)，與一籃子貨幣法[7] (A Basket of Currencies) 等三種，每種避險方法的避險成本高低不同。

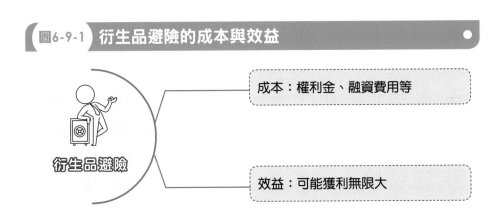

圖6-9-1　衍生品避險的成本與效益

成本：權利金、融資費用等

衍生品避險

效益：可能獲利無限大

5　就是公司與銀行簽訂交換合約，同意依即期價格買入（賣出）外匯，同時於未來約定時日，依遠期價格賣回（買回）外匯的作法。

6　公司藉持有相當的同一種貨幣的債務與資產的作法，自然能迴避匯兌風險。

7　就是同時持有各種貨幣，由於分散了貨幣資產，因而分散了匯兌風險的作法。

圖6-9-2 選擇權交易策略

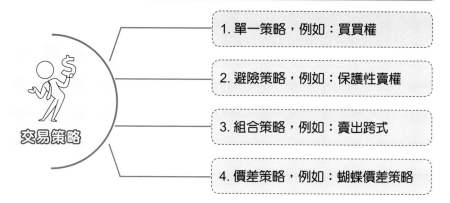

交易策略

1. 單一策略，例如：買買權

2. 避險策略，例如：保護性賣權

3. 組合策略，例如：賣出跨式

4. 價差策略，例如：蝴蝶價差策略

動動腦

1. 選擇權交易策略有哪些？

2. 常見的外匯避險方法有哪些？

3. 衍生品既然可能獲利無限大，那除避險外，投資理財上是否是唯一首選？

　　古代就有選擇權的概念。根據亞里斯多德的《政治學》書中所載，最早的選擇權買家是古希臘哲學家與數學家——米利都的泰利斯。《聖經》的《創世紀》中也有選擇權概念的記載。現代選擇權的濫觴，則可追溯到 17 世紀初期的荷蘭，當時該國正處於鬱金香狂熱，鬱金香球莖對當時的荷蘭人來說是一種投機性商品，價格被哄抬到極高的地步，因此單純現貨買賣已無法滿足投機者的需求。選擇權便是以具備高槓桿的特性，在此時期誕生。當時市場上已出現買進和賣出選擇權的概念。在買進選擇權的場合，鬱金香的買家只需要付出少額權利金，就有權在某段時間內照履約價格買進鬱金香球莖。如果價格上漲，則買方就可向賣方依履約價格低價買進鬱金香球莖，此時買權的買方會有獲利，但賣方會產生虧損。在賣出選擇權的場合，當鬱金香價格下跌時，賣權的買方可以將鬱金香球莖以履約價格高價賣給賣權賣方，此時賣方有獲利，買方則有損失。

　　鬱金香熱的最高峰，約 1636 至 1637 年初，當時荷蘭的鬱金香市場已發展至沒有實體鬱金香花莖交易的程度，因為鬱金香的生長速度跟不上市場的運作速度。鬱金香狂熱最後在 1637 年結束。當時鬱金香價格暴跌，賣權買方紛紛要求履約，希望能將鬱金香以較高的履約價賣給賣權賣方，不過賣方卻無法交割，導致當時選擇權市場崩潰，市場泡沫破滅。

* 取材自：選擇權一維基百科，自由的百科全書 (wikipedia.org)

6-10 另類財務風險融資 (I)

　　另類財務風險融資就是指在 ART(Alternative Risk Transfer)（另類風險轉嫁／另類風險融資）市場中，能應對財務風險的融資商品。ART 市場存在許多創新的風險融資商品，有的可用來應對危害風險（例如：巨災債券的發行等），有的可用來應對財務風險（例如：變種保險與電力衍生品等），這些創新商品共同的特色是脫離傳統，藉由金融或保險科技 (FinTech or InsurTech) 創新，融合了保險與資本市場的特徵。本單元說明 ART 市場有哪些玩家，以及它們各自扮演何種角色。嗣後，在本單元及後續單元中，陸續介紹幾種能應對財務風險的創新商品。

一、ART 市場的參與者

　　ART 市場的參與者（也就是玩家），包括保險人／再保人、金融機構、一般企業公司、法人投資機構，與保險代理人／經紀人等五類參與者。這五類參與者在 ART 市場中，各有不同的功能。保險人／再保人負責商品研發，扮演風險管理顧問，提供風險能量，同時也是 ART 的使用者。金融機構在 ART 市場中，扮演與保險人／再保人完全相同的功能，也就是同樣負責商品研發，扮演風險管理顧問，提供風險能量並使用 ART。一般企業公司在 ART 市場中，只扮演 ART 使用者的角色。法人投資機構在 ART 市場中，只扮演提供風險能量的角色。最後，保險代理人／經紀人則主要扮演商品研發與風險管理顧問的角色，參閱下表 6-10-1。

二、創新商品 (I)──有限風險計畫

有限風險計畫 (Finite Risk Plans) 是能應對流動性風險且以保險為特徵的創新商品。組織團體購買傳統定型化保險／再保險是可享有資本保障 (Capital Protection) 的好處,但也希望能掌控現金流量,獲得現金流量保障 (Cash Flow Protection)。因此,混合資金融通與保險轉嫁特性的多年期有限風險計畫 (Finite Risk Plans) 乃因應而生,此計畫可應對財務風險中的流動性風險。有限風險計畫最早源自1980年代的時間與距離保單 (Time and Distance Policy),產生有限風險計畫背後的概念,也與總報酬交換合約 (TRSs: Total Return Swaps) 極為雷同。有限風險計畫的主要目的是管理現金流量的時間風險 (Timing Risk),並非風險轉嫁,除非滿足顯著標準,該計畫才有風險轉嫁的成分,參閱下圖 6-10-1。

下圖 6-10-1 中,損失如超過淨保費加上投資收益,在限額範圍內才有轉嫁成分,否則,絕大部分是風險承擔的特性,因其目的不在轉嫁風險。該計畫在原保險的情境又稱為財務保險 (Financial Insurance),在再保險的情境時,就稱財務再保險 (Financial Reinsurance)。最後,該計畫提供的主要效益有:第一、可穩定現金流量的波動;第二、可減少負債,增強股東權益,提升舉債或承保能力;第三、降低資金成本,改善財務困境。茲比較傳統保險／再保險與財務保險／再保險間的不同,如下表 6-10-2。

表6-10-1　ART 市場參與者與其角色

角色功能　　　　參與者	保險人／再保人	金融機構	一般企業公司	法人投資機構	保險代理人／經紀人
商品研發	∨	∨			∨
風險管理顧問	∨	∨			∨
風險能量提供者	∨	∨		∨	
ART 商品使用者	∨	∨	∨		

表6-10-2 傳統保險／再保險與財務保險／再保險的比較

	傳統保險／再保險	財務保險／再保險
合約期間	一年	一年或多年
承保之風險	保險風險	保險風險或非保險風險
時間介面	僅承受未來責任	承受過去或未來責任
合約內容	標準化條款	量身訂製
再保險人	多個再保險人參與同一合約	僅一再保險人全部負責
訂約目的	移轉風險	移轉風險、減緩核保循環及改善財務結構等
再保費計算	依承保風險而定	承擔風險加上投資收益
合約性質	傳統再保險合約	傳統再保險與自我保險之混合運用

圖6-10-1 有限風險計畫的承擔與轉嫁

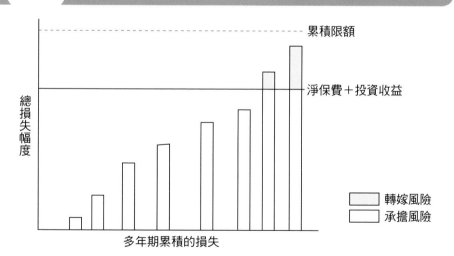

動動腦

① 有限風險計畫（又稱財務保險）與流動性風險管理有何關聯？

② 保險經紀人在 ART 市場中可扮演何種角色？銀行又是何種角色？

③ 財務保險與傳統保險有何差別？

一、創新商品 (II)——多重啟動保險 [1]

多重啟動保險 (Multiple Trigger Insurance) 是變種保險，既不同於多重事故保單 (Multiple Peril Policy)，也不同於傳統單一啟動保單 (Single Trigger Policy)。多重事故保單意即保單承保多種事故，只要其中一種保險事故發生，保險人就要啟動賠償，它也是屬於單一啟

動保單，例如：台灣的住宅綜合火災保單就是。多重啟動保險則是要這些承保事故都發生，且達啟動門檻，保險人才要負責，參閱下圖 6-11-1。圖中顯示某電廠失火引起電力供應短缺，電價引發波動，達每小時瓦特超過 65 元的事先約定門檻，那麼保險人要啟動賠償，這是雙重啟動保險，且這張保單含括了火災危害風險與電價波動的財務風險。這種保險通常保費較便宜，因考慮的是條件機率。其次，類似這種保單，當然理論上就可有三重啟動、四重啟動等多種保單。這種變種保險通常是多年期保險，而且其啟動方式，每年續保時可做變更，通常至少有兩種不同的啟動方式，供投保人選擇：第一種稱作固定型啟動方式 (Fixed Trigger)，就是將啟動賠償的事故，事先決定不得變動；第二種稱作變動型啟動方式 (Variable Trigger)，就是事故與啟動門檻連動關係決定是否賠償，例如：前例中，失火牽動電價波動達約定門檻就需賠償。

二、創新商品 (III)——結構化票券

結構化票券是結構性金融 (Structured Finance) 商品之一，結構性金

---

1 對天氣衍生品與巨災保險而言，作者認為屬於危害風險管理領域，前者規避數量風險（例如：溫度高低等）導致的財務損失，而非規避價格風險；後者針對彌補災難損失的創新保險，但並非應對財務風險。

融是以非傳統方式籌集資金，並在該過程中改變組織的風險結構與特徵。結構化票券有多種形式，通常是重要的市場風險管理工具，例如：反向浮動利率票券的票面利率是浮動的，當市場利率上升時，票面利率反而下降。其他的結構化票券，參閱下表 6-11-1。

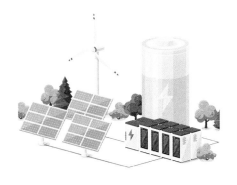

三、創新商品 (IV) ── 波動率指數衍生品

　　股市波動率的變化可能會造成投資人的損失，也就是投資人會面臨波動率風險，從而市場上就出現了波動率指數 (VIX: Volatility Index) 衍生品，例如：波動率指數期貨、波動率指數選擇權等。

四、創新商品 (V) ── 電力衍生品

　　各國政府對電力市場的開放，導致電價波動，為能應對電力價格風險，從而產生了電力衍生品，例如：電力期貨、電力選擇權等。過去，這些商品多由英美等國家推出，近年，亞洲國家新加坡交易所也率先推出了電力期貨。

五、創新商品 (VI) ── 運價衍生品

　　運價波動對海陸空運輸業都是重要的財務風險，針對海運業，英國波羅的海交易所與挪威國際期貨交易所均推出了遠期運價合約、運價期貨與運價選擇權。其中以遠期運價合約交易量最大。

六、創新商品 (VII) ── 比特幣期貨

　　芝加哥期權交易所 2017 年率先推出比特幣期貨，但目前其前景有待觀察。

圖6-11-1 多重啟動保險

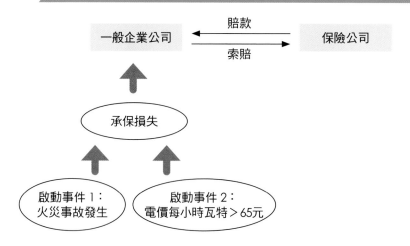

表6-11-1 應對市場風險的結構化票券

除反向浮動利率票券外，其他應對市場風險的結構化票券如下表：

類　型	說　明
LYON (Liquid Yield Option Notes)	經濟好時，投資人可將債券換成股票，獲取股價上升的利益；反之，不好時，可將其賣給債券發行人。
PERLS (Principal Exchange Rate Linked Securities)	債券到期本金與外幣匯率連結，本金償還金額隨著匯率變動。
ICON (Indexed Currency Option Notes)	債券利息以某種貨幣支付，本金與匯率連動且以另一種貨幣償還。
PERCS (Preferred Equity Redemption Cumulative Stocks)	除了傳統累積固定股利的特別股外，也可在到期日前以約定價格換成普通股。
指數連動債 (Index Bonds)	債券票面利率與股價指數連動的票券。

小博士 金融與保險科技創新

　　保險科技創新的範圍，既包括大數據、雲端計算、互聯網、人工智慧、區塊鏈等普遍用於金融服務的基礎技術，也包括和保險行業結合相對緊密的車聯網、無人駕駛、基因診療、可穿戴設備等應用技術。其次，金融科技創新發展包括 P2P 融資、人工智慧投資、區塊鏈、網路交易的身分認證等。

動動腦

① 多重啟動保險與傳統保險相比較，有何特色？

② 結構化票券有哪些？主要應對哪個財務風險？

③ 想想比特幣期貨的前景可能如何？

6-12 資產負債管理

資產負債管理 (ALM) 是風險管理的特殊支流，性質屬於財務風險融資。它是以管理利率風險與流動性風險為主的特殊管理，且常見於金融保險業風險管理領域。這主要是因為金融保險業是風險中介行業，承擔客戶風險，其負債性質不同於非金融保險業，且

其資產以財務資產居多，也因此金融保險業的資產負債對利率波動特別敏感。例如：利率下跌，對保險業言，資產價值上升，同時負債價值也上升，如果資產負債變化幅度不同，保險公司淨值就會產生變化（保險公司資產負債管理，進一步參閱第 10 章 UNIT 10-2）。這點與非金融保險業的資產負債性質不同，非金融保險業的資產多為實質資產，負債性質為應付帳款，這負債有別於銀行的存款準備金與保險業的責任準備金。

一、資產負債管理政策

除財務風險管理政策外，實施資產負債管理仍須另訂政策，資產負債管理政策應包括下列項目：

1. 資產負債管理的策略與目標，利率風險與流動性風險容忍度與其訂定方式。
2. 資產負債管理組織架構、責任與職掌。
3. 新產品／業務的資金流動性及利率風險評估依據與評估原則。
4. 授權架構及額度的歸屬與責任。
5. 例外狀況的核准條件與程序規範。
6. 利率風險與流動性風險衡量制度。
7. 應付各種流動性危機所採行的計畫與行動策略。
8. 監控程序及內部控制要求。
9. 建立限額制度。
10. 相關作業的呈報流程。

二、資產負債管理原則

資產負債管理要求資產與負債間的對稱，緩和流動性、營利性與安全性間的矛盾，達成所謂動態的協調與平衡。主要原則有四：

1. 規模對稱原則：資產規模與負債規模相互對稱，達成動態平衡。
2. 結構對稱原則：資產與負債的償還期要達成一定程度的一致性。
3. 目標互補原則：流動性、營利性與安全性三目標相互補充，達成效用最大化。
4. 資產分散原則：資產運用注意分散，避免風險。

三、資產負債管理模型

常見的資產負債管理模型包括：

1. 動態財務分析。
2. 效率前緣模型。
3. 期間匹配模型。
4. 現金流量匹配模型。
5. 多元標準決策模型。
6. 隨機規劃或隨機控制 ALM 模型。

圖6-12-1 資產負債管理政策

ALM政策內容項目

01 | 資產負債管理的策略與目標

02 | 資產負債管理組織架構、責任與職掌

03 | 新產品／業務的風險評估依據與評估原則

04 | 授權架構及額度的歸屬與責任

05 | 例外狀況的核准條件與程序規範

06 | 利率風險與流動性風險衡量制度

07 | 流動性危機所採行的計畫與行動策略

08 | 監控程序及內部控制要求

09 | 建立限額制度

10 | 相關作業的呈報流程

圖6-12-2 利率缺口大小（代表利率曝險額的大小）

固定利率的
總資產 $500

固定利率的
總負債 $200

利率缺口
$500 - $200
= +$300

浮動利率的
總負債 $1,000

利率缺口
不是 +300
就是 -300

浮動利率的
總資產 $700

利率缺口
$700 - $1,000
= -$300

動動腦

1 資產負債管理原則是什麼？

2 利率缺口代表何意？

3 想想非金融保險業與金融保險業間的資產負債管理會有差別嗎？

Chapter **7**

Risk

HIGH

LOW

財務風險管理的實施(六)──
財務風險的應對 (III)

7-1 財務風險溝通

　　財 務 風 險 溝 通 (Financial Risk Communication) 是財務風險管理領域的心理人文技巧。早期，眾多風險溝通研究文獻出現在危害風險管理領域。然而，風險溝通原理原則（詳見拙著《風險管理精要：全面性與案例簡評》第二版第 15 章）在兩者間，其實是相通的。其次，在風險溝通領域，採用的風險理論（參見 UNIT 1-1）須外加風險的心理學理論。

一、風險溝通概論

　　1.**風險溝通簡史**：(1) 風險訊息傳播者（通常是政府機構或企業生產者）的任務，就是獲得正確的風險數據即可；(2) 告訴接收者（通常是民眾）風險數據；(3) 告訴接收者風險數據的涵義；(4) 對接收者顯示，過去曾被他們所接受而與現今風險類似的風險數據；(5) 對接收者顯示，有利於他們的風險數據；(6) 對接收者進行風險溝通；(7) 設法將接收者視同風險決策參與人或是夥伴關係；(8) 現今的風險溝通過程則包括了前述每一時期的內容。

　　2.**風險溝通廣義的解釋**：風險溝通指的是所有風險訊息在利害關係團體間，有目的的訊息流通過程而言。

　　3.**影響風險溝通成效的因子**：(1) 法律基礎；(2) 傳播媒體；(3) 緊急警告與風險教育；(4) 固有的知識與信念；(5) 信任程度；(6) 時機。

　　4.**一般風險溝通的原則**：風險溝通原則包括：(1) 在專家與民眾間，風險溝通應該公開且是雙向的溝通；(2) 風險管理目標應明確清楚，風險評估與風險管理應以有意義的方式做精準與客觀的溝通；(3) 為了使民眾真正了解及參與風險管理有關決策，政府應對重大假設、資料、模型與推論做清楚的解釋；(4) 對於風險管理的不確定範圍，要有清楚的說明；(5) 做風險對比時，要考慮民眾對自願與非自願風險的態度；(6) 政府須提供給民眾及時可獲得風險訊息的相關管道，且要有公眾討論的平台。

　　5.**財務風險溝通宣導手冊的制定**：採用風險的心智模型法，其步驟有五：

(1) 運用影響圖產生財務風險專家們的心智模型；(2) 利用訪談與問卷，導引出民眾對財務風險的想法與看法，也就是人們的財務風險感知；(3) 根據比較分析的結果，就差異事項設計結構式問卷；(4) 根據問卷分析結果，草擬財務風險溝通宣導手冊；(5) 利用焦點團體等研究方法，測試與評估財務風險溝通宣導手冊草案的有效性。

二、財務風險溝通的涵義

　　財務風險溝通以財務風險感知為基礎，其意義是指財務風險訊息，在利害關係團體間，有目的（改變財務風險感知與財務風險態度）的一種訊息流通過程。任何組織如有完善的財務風險溝通策略，必能有助於財務風險管理目標的達成。

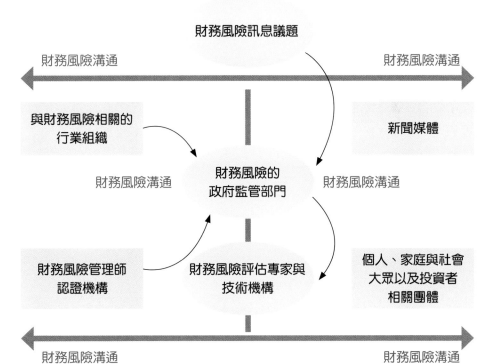

圖7-1-1　政府監管機構對外的財務風險溝通

政府監管機構對外的財務風險溝通（例如：監管機構要調整利率或匯率政策時的對外說明）相關流程（此圖在金融保險業與一般企業須對外溝通時，可參照）

財務風險訊息議題

財務風險溝通　　　　　　　　　　　　　　　　　財務風險溝通

與財務風險相關的
行業組織

新聞媒體

財務風險溝通　　財務風險的
政府監管部門　　財務風險溝通

財務風險管理師
認證機構

財務風險評估專家與
技術機構

個人、家庭與社會
大眾以及投資者
相關團體

財務風險溝通　　　　　　　　　　　　　　　　　財務風險溝通

圖7-1-2 財務風險溝通宣導手冊制定的步驟

1 產生財務風險專家們的心智模型

2 利用訪談與問卷導引出人們的財務風險感知

3 就前兩項的差異,設計結構式問卷

4 根據問卷分析結果,草擬財務風險溝通宣導手冊

5 測試與評估財務風險溝通宣導手冊草案的有效性

動動腦

1. 財務風險溝通宣導手冊如何制定?

2. 想想看,財務風險溝通與非財務風險溝通有差別嗎?

3. 影響風險溝通成效的因子為何?

7-2 財務風險感知

財務風險溝通是財務風險管理上，最重要的心理人文技巧，這技巧則以財務風險感知 (Financial Risk Perception) 為基礎。

一、財務風險感知的意義與性質

簡單來說，例如：將儲蓄的 10% 還是 20% 用以投資股票，股價明天漲、跌或是維持平穩，或將 80% 現金投資基金、20% 現金買股票，或者反過來操作等類似事項，均會涉及財務風險感知和相關的資產配置與投資理財行為。所謂財務風險感知仍以感覺為基礎，它涉及人們對財務風險的留意、詮釋，與記憶的心理歷程。顯然，與人腦的思考系統有關。其次，對財務風險感知的研究最著名的模型，當推路斯與韋伯 (Luce, R. D. and Weber, E. U.) 的聯合預期風險模型 (CER: The Conjoint Expected Risk Model)。最後，財務風險感知會影響財務風險容忍度的決定，財務風險感知也會影響對財務風險的態度，進而影響投資理財行為。反過來說，投資理財行為也會影響對財務風險的態度，進而改變財務風險感知。

二、聯合預期風險模型

CER 模型主要可呈現人們對財務風險判斷的共同性，也就是各類財務冒險活動的機率與結果判斷的共同性。CER 模型，是顯示人們對各類財務冒險活動方案的評價，其公式表示如下：

$$R(X) = A0 Pr(X = 0) + A^+ Pr(X > 0) + A^- Pr(X < 0) +$$
$$B^+ E\big[|X|K^+ X > 0\big] Pr(X > 0) + B^- E\big[|X|K^- X < 0\big] Pr(X < 0)$$

上式中，財務風險選擇方案不外有三種結果：一是狀況不變，以 $Pr(X = 0)$ 表示；二是增加財富，以 $Pr(X > 0)$ 表示；三是減少財富，以 $Pr(X < 0)$ 表示。A0、A^+、A^- 分別代表這三種狀況的機率權重。B^+ 與 B^- 分別代表條件期望

(Conditional Expectation) 的權重。k^+ 與 k^- 分別代表條件期望下，對財富變動的影響力，它是財富變動的「乘方」概念，k^+ 表財富增加時的「乘方」，k^- 表財富減少時的「乘方」。經實證研究發現，參數 k^+ 與 k^- 的值時常趨近「一」。

其次，賀葛萊維與韋伯 (Holtgrave, D. R. and Weber, E. U.) 為了比較 Slovic 模型與 CER 模型，何者對風險感知間差異的解釋力強，而在研究設計上，為了與 Slovic 模型的線性假設比較，將 CER 模型中的參數 k^+ 與 k^- 的值假設為「一」，這就是簡化聯合預期風險模型 (SCER: The Simplified

圖7-2-1 銀行內部的財務風險溝通

銀行內部的財務風險溝通

應定期提供利率風險衡量報告予高階管理階層及董事會。

應定期提供資金流動性風險衡量報告予高階管理階層及董事會，使其得以檢討及監督銀行之流動性資金情形。

針對超限情形及其他例外情況，銀行應於政策內清楚訂定呈報程序以及各階層管理人員應採取之措施，並且確認已與有關人員溝通，使其明確了解相關職責範圍。

高階管理階層應視需要與資產負債管理功能執行人員溝通有關風險衡量、報告及作業程序，並協助解決相關議題。

公開揭露資料為資金流動性風險管理之重要元素。銀行應適當向市場參與者（尤其是主要債權人及交易對手）提供適當資訊，如此於危機情況下，銀行可較容易管理市場的認知。

Conjoint Expected Risk Model)。經過驗證，結果發現 CER 模型不管對健康危害風險與財務風險感知差異的解釋力均比 Slovic 模型為佳。而所謂 Slovic 模型是風險感知權威 Slovic, P. 的研究，根據 Slovic 模型的研究發現，人們對危害風險的了解構面與心理感受害怕（害怕是因風險衝擊巨大）的構面，最能解釋人們對危害風險感知差異的百分之八十。

圖7-2-2 財務風險感知（百分比是閒置資金配置比例）

A方案	公債	基金	股票
	10%	20%	70%
	10%	20%	70%
B方案	公司債	基金	股票

哪項方案高？財務風險感知程度

動動腦

❶ 如果說，你工作的行業財務風險是別人行業的兩倍，你如何感受？
如說成你工作的行業財務風險機率是 0.0002，別人行業的財務風險機率是 0.0001，你感受又如何？

❷ 說明 CER 模型與 Slovic 模型的差別？

❸ 財務風險感知為何重要？

Chapter 8

財務風險管理的實施(七)——財務風險的應對 (IV)

8-1 財務風險管理決策——衍生品避險

衍生品避險的個別型決策，事實上，在第 6 章說明每一衍生品之意義時，也同時說明了這類個別型的決策。此處，基於企業國際化的重要性，選擇跨國公司面對的外匯風險為例，說明如何使用外匯選擇權避險的過程。

一、跨國公司外匯選擇權的避險

設想某甲為某跨國公司經理，假設在 6 月時，向法國進口一批貨物，約定三個月後，以歐元付款，總額為 625,000 歐元。已知目前市場上，履約價格為 130 美分的 9 月歐式歐元買權的權利金為 0.04 美分。此情況下，某甲如何迴避三個月後，因看漲歐元可能相對於美元升值的風險？此時，他可買入歐元外匯選擇權[1]，假設該選擇權一口契約大小為 62,500 歐元，那麼甲需買十口，這項買權成本（權利金）是 250 美元 (62,500×10×0.04÷100)。其次，假設三個月後，歐元升值，其即期匯率為 1.3050，高於履約價格的 1.3000，那麼甲執行歐元買權的結果，公司只要付出 812,500 美元 (1.3000×625,000)，即可迴避歐元升值的風險。蓋因，甲如沒買歐元外匯選擇權，公司需付出 815,625 美元 (1.3050×625,000)，會多付 3,125 美元（815,625—812,500）。

二、降低交易成本的雙元策略

企業經營會產生諸多交易成本，這些交易成本會間接降低股東平均報酬。這些交易成本包括：1. 來自風險性現金流量，所增加的租稅負擔；2. 來

---

1 此處的歐元外匯選擇權是 PHLX 歐元外匯選擇權，其主要內容有：契約大小是 62,500 歐元；權利金報價為每單位多少美分；最小變動單位為每單位 0.01 美分；部位限制，200,000 口等。本例中，為方便計，數字直接節錄自廖四郎與王昭文（2005），期貨與選擇權，第 544 至 546 頁。台北：新陸書局。

自可能破產，所增加的預期成本；3. 來自財務困境的代理成本，可能導致的無效率投資；4. 可能因沒有避險，排擠掉新的投資機會；5. 可能因管理人員的風險迴避，造成管理的無效率；6. 可能因利害關係人的風險迴避，簽訂不適當的契約。為了減輕這些成本需要雙元策略：一個就是移除產生問題的原因，風險即可迴避，是為迴避 [2] 策略 (Hedging Strategy)；另一個策略就是調適策略 (Accommodation Strategy)，也就是重新組織或重新設計，改變風險結構，使其引發的交易成本降低。

---

2 根據文獻 (Doherty, 2000) 中所述，Doherty, N. A. 所言「避險」是採廣義通俗的說法，其所言英文的 Hedging 包括了購買保險、風險控制中的迴避，與衍生品中的避險、風險中和、對沖、套利等概念，但本書對「避險」一詞，是用在衍生品領域，購買保險則稱為轉嫁，風險控制中的 Avoidance，則稱為迴避。換言之，本書避險一詞，是採狹義嚴謹的用法。因此，Doherty, N. A. 所言英文的 Hedging，在此，作者不譯成避險，而依其義，譯成迴避。

財務風險的應對（IV）──
財務風險管理的實施（七）

Chapter 8

155

圖8-1-1 **決策理論**

1. 規範性理論的代表——效用理論（效用函數 $U(W) = \sum p_i u(w_i)$ ）

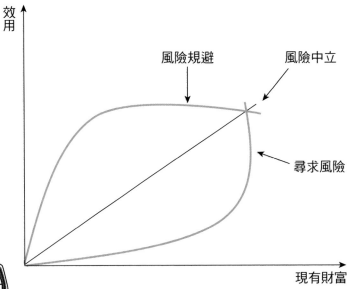

說明：不同的效用曲線代表不同的風險態度，這就會影響財務風險管理決策與投資資金的配置。

2. 描述性理論的代表——前景理論（價值函數 $V(X) = \sum \pi(p_i)v(x_i - r)$ ，
   r 是參考點）

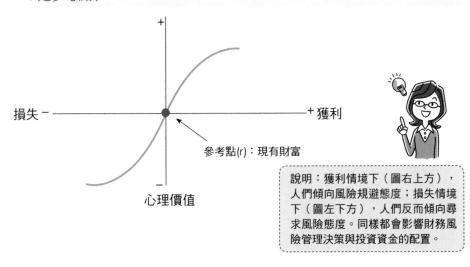

說明：獲利情境下（圖右上方），人們傾向風險規避態度；損失情境下（圖左下方），人們反而傾向尋求風險態度。同樣都會影響財務風險管理決策與投資資金的配置。

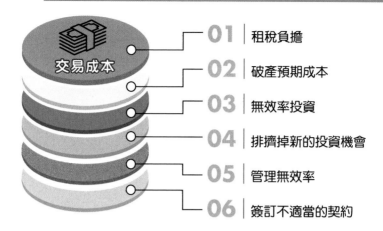

圖8-1-2 交易成本

- 01 | 租稅負擔
- 02 | 破產預期成本
- 03 | 無效率投資
- 04 | 排擠掉新的投資機會
- 05 | 管理無效率
- 06 | 簽訂不適當的契約

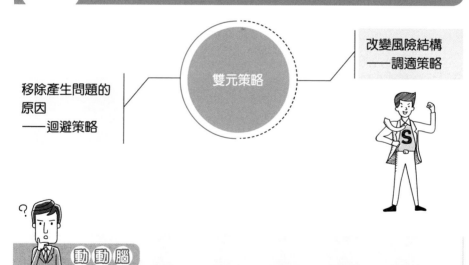

圖8-1-3 雙元策略降低交易成本

雙元策略

移除產生問題的原因
——迴避策略

改變風險結構
——調適策略

動動腦

1. 說明決策理論的前景理論（參考拙著《風險心理學》或上網搜尋）。
2. 企業經營存在的交易成本有哪些？
3. 如何降低企業經營的交易成本？

財務風險與非財務風險（例如：危害風險或作業風險）間，有時會發生連動，互為影響，因此財務風險管理上，採取適當的避險比例與投保比例的組合，是降低組織總體風險水平的重要手段。兩者如不互相搭配，組織總體風險水平不但無法減少，而且兩者若各自獨立分開決策，可能並非最適決策。以某石油公司為例，說明前述情況，同時為簡化計算，此例不考慮交易成本。該公司面臨油價波動（財務風險）與油汙染責任訴訟可能的風險（危害風險引發的責任訴訟），如下表 8-2-1。

表8-2-1 油價波動與油汙訴訟可能的風險矩陣表

	低油價 （機率 0.5）	高油價 （機率 0.5）
油汙訴訟不發生 （機率 0.5）	500	1,000
油汙訴訟發生 （機率 0.5）	250	750

如果公司的財務部門負責油價波動風險避險，風險管理部門只負責油汙訴訟責任保險，各部門分別計算油價波動風險與油汙訴訟責任風險對未來收益的影響。油價波動風險可能導致的未來平均收益分別是 750 或 500（依油汙訴訟是否發生），標準差是 250。油汙訴訟責任風險可能導致的未來平均收益分別是 375 或 875，標準差是 125。同時考慮兩種風險可能導致的未來平均收益是 625，標準差是 279.5。公司總體風險水平並非

375(125+250)，而是 279.5，遠小於個別風險的合計。是故，若兩個部門的業務不加以整合搭配，個別做出的風險管理決策將是不適切的決策。透過適當的避險比例 (Hedge Ratio) 與投保比例 (Insurance Ratio) 組合，可產生適切的組合決策。

　　其次，財務風險融資工具的組合不論是哪種組合類型的決策，無非是想求取效率前緣 (Efficient Frontier)。如果以承擔財務風險的成本為橫軸，以保險或避險成本的價格為縱軸，那麼財務風險融資的效率前緣，參閱下圖 8-2-1。圖中切點 A 代表財務風險避險與財務風險承擔間的最適組合。

圖8-2-1　風險融資的效率前緣

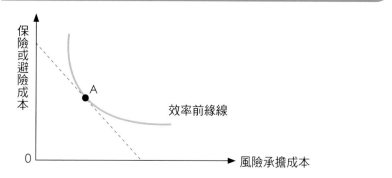

圖8-2-2　保險類似選擇權

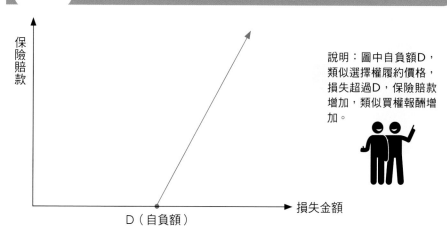

說明：圖中自負額D，類似選擇權履約價格，損失超過D，保險賠款增加，類似買權報酬增加。

最後，一般而言，傳統保險與衍生品均是重要的風險融資手段，前者主要是針對危害與作業風險的風險融資，後者主要是針對財務風險的風險融資，兩者間似乎沒有關聯，但在風險組合與風險轉嫁性質上，是相通的。同時，實際上風險間總是互動的，故財務風險管理者除具備財務風險管理專業知識外，最好也具備保險專業技能，或至少有協調與財務風險溝通能力。

圖8-2-3 財務風險與危害風險的互動

企業廠房遭逢地震而全毀，公司股價下跌。

利率升息，企業老闆壓力沉重。

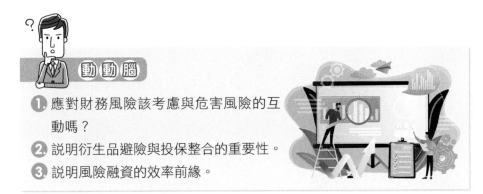

動動腦

1. 應對財務風險該考慮與危害風險的互動嗎？
2. 說明衍生品避險與投保整合的重要性。
3. 說明風險融資的效率前緣。

前曾提及，選擇權有四種交易策略，其中的單一策略是指投資人只是單純買買權、賣買權、買賣權或賣賣權的單一方向交易，這種交易策略已在第6章有所説明。其餘三種的選擇權交易策略，除價差策略只涉及同是買權或同是賣權價差外，組合策略與避險策略均是買權與賣權混合，或買權及賣權與現貨混合的策略。此處只進一步説明賣權與現貨的混合，以及買權與賣權的混合。賣權與現貨的混合是為選擇權的避險策略，買權與賣權的混合是為選擇權的組合策略。

一、賣權與現貨的混合

當投資人持有現貨，擔心現貨價格波動的風險，則可採取現貨與選擇權搭配組合，達成避險的目的，這項避險策略其實就是投資組合保險[1] (Investment Portfolio Insurance)。這種避險策略總共有保護性賣權、掩護性買權、反[2]保護性賣權與反掩護性買權等四種策略。茲舉保護性賣權為例，説明其避險效應。所謂保護性賣權是指投資人持有現貨，而在避險交易策略中，涉及到賣權時，即稱為保護性賣權，如涉及買權，即稱為掩護性買權。假設投資人持有股票現貨，但股票被套牢又不甘心賣出，此時可買入該股票的賣權避險，這就是保護性賣權避險策略，參閱下圖8-3-1。從圖中，很清楚可看出，即

---

1 根據文獻（林丙輝，1995）顯示，投資組合保險是支付代價使證券投資得到保障，避免投資組合因股價下跌而遭受損失，同時又不喪失股價上漲利益的避險策略。顯然，雖名為保險但並非保險，而是選擇權交易策略中的避險策略。

2 反保護性賣權或反掩護性買權是當現貨部位遭放空或融券賣出時，則在命名前加個「反」字，若為多部位則無。

使股價下跌有所損失 [3]，但賣權的獲利可彌補該損失。即使股價漲，投資人因股價漲而獲利，此時所損失的也只是賣權權利金而已。

圖8-3-1　保護性賣權損益圖

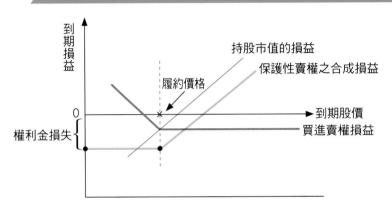

二、買權與賣權的混合

買權與賣權的混合交易策略是選擇權的組合交易策略，亦即在投資組合中，同時包括買權與賣權的買入或賣出部位，由於是混合兩者，故又稱混合策略。這種交易策略包括賣出跨式、買進跨式、賣出勒式、買進勒式、逆轉換組合、轉換組合、買進區間緩衝模擬未來現貨、賣出區間緩衝模擬未來現貨、

買進區間加倍模擬未來現貨，與賣出區間加倍模擬未來現貨等策略。茲以買進跨式組合為例，說明組合／混合策略的效應，參閱下圖 8-3-2。買進跨式組合又稱下跨，它是指同時買進相同到期日且相同履約價格的買權與賣權，此策略用在投資人預期標的資產會大漲或大跌的情況，也就是預期到期日前，可能爆發重大事件，例如：購併案等，使得標的資產價格大漲或大跌。根據下圖很清楚得知，當大漲時買權獲利，當大跌時賣權獲利。這種策略穩賺不賠，唯一的風險就是買進買權與賣權的權利金。

---

3 股價報酬完全依其價格變動而定，其風險亦等於股價變動之風險。持有股票時，股價與損益報酬間是呈正向關係，若放空股票則呈反向關係。

圖8-3-2 買進跨式組合損益圖

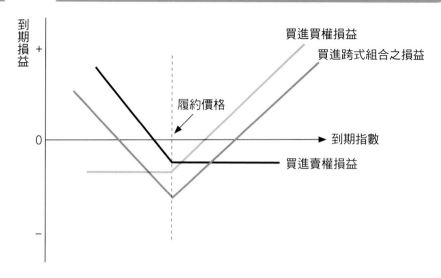

到期損益

+

買進買權損益

買進跨式組合之損益

履約價格

到期指數

0

買進賣權損益

−

 小博士 決策判斷的三本聖經

1. 《雜訊——人類判斷的缺陷》(*Noise-A Flaw in Human Judgment*)，
   這本書由行為經濟學之父 Kahneman D. 與 Sibony O. 及 Sunstein
   C. R. 合著。書中說明人們判斷的缺陷，這判斷的缺陷會產生巨大的
   社會成本，而書中也提到解決之道。

2. 《快思慢想》(*Thinking, Fast and Slow*) 這本書的作者是行為經濟學
   之父 Kahneman D.。書中說明人們判斷的偏誤 (Bias)，裡頭提到思
   考的兩個系統，那就是快思與慢想，前者是直覺，後者是理性思考。
   書中也提到如何改變我們的思考，提升決策品質。

3. 《推力》(*Nudge-Improving Decisions about Health, Wealth
   and Happiness*) 這本書是 Thaler R. H. 與 Sunstein C. R. 兩人合著。
   書中提到選擇建築師 (Choice Architect) 的概念，藉此幫助人們改
   變原決策方式（例如：安於現狀，想做又懶得做），這推力提升了決
   策效益。

動動腦

1. 投資股市但被套牢怎麼辦？
2. 何謂買進跨式組合？
3. 選擇權的避險策略指的是？

Chapter 9

財務風險管理的實施(八)——
控制、溝通、監督,與績效評估

9-1　控制與對外溝通

實施財務風險管理的過程中，須採用各種控制手段與揭露財務風險訊息及對外溝通，前者如利用指標控制與內部控制手段，後者如金融商品上標註財務風險警語的提醒。

一、財務風險管理的 RAROC

RAROC (Risk-Adjusted Return on Capital) 稱為資本的風險調整報酬，它是風險調整績效衡量 RAPM (Risk-Adjusted Performance Measurement) 中的一個重要指標，也是指標控制的重要手段。RAPM 是根據報酬中所承受的風險，調整報酬的通稱。RAROC ＝（會計報酬─預期損失）÷ 經濟資本。最後，如果需獨立計算財務風險管理中的 RAROC 的話，作者認為可依前述概念，以對應財務風險的會計報酬扣除財務風險的預期損失後，除以財務風險經濟資本求得。

二、內部控制

內部控制與內部稽核是一體的兩面。根據英國管理會計人員學會 (CIMA: Chartered Institute of Management Accountants) 的定義，內部控制是指組織管理層為協助確保目標的達成所採取的所有政策與程序，這些政策與程序盡可能以實際可行方式，有效率與有次序地執行控制資產的安全，還有報表的完整、及時與可靠，以及詐欺與失誤的偵測等。

三、財務風險揭露與對外溝通

組織財務報告與金融商品風險訊息的對外揭露（可參閱 UNIT 10-7），其目的只在揭露訊息、對外溝通、提醒投資大眾注意。英國會計標準委員會的國際財務報告標準，與美國的沙賓奧斯雷法案，均對財務報告與金融商品的風險揭露有所規定。

四、截止率與資本配置

截止率常被用來調整經濟資本資金的報酬，經由此調整後的經濟利潤才是增減組織價值的變數。換言之，截止率是 RAROC 為彌補經濟資本資金成本的最低要求，當 RAROC 超過截止率，對組織價值就有貢獻，這概念就是經濟價值加成或稱經濟利潤 (EP: Economic Profit)，其算式如下：EP ＝經濟資本 ×（RAROC—截止率）。EP 如為正值，組織價值增加；反之，則否。這是重要的控制手段。其次，資本配置 (Capital Allocation) 是指將經濟資本分配置組織各單位／部門的紙上作業過程，不必然涉及實質資本的投資。

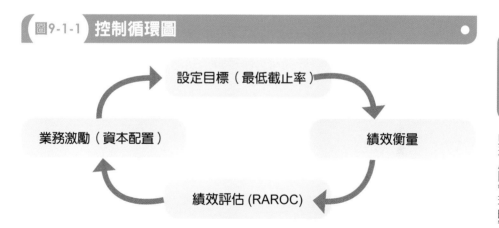

圖9-1-1 控制循環圖

設定目標（最低截止率）

業務激勵（資本配置）

績效衡量

績效評估 (RAROC)

圖9-1-2 **財務報表風險揭露**

風險揭露*

* 台灣自 2023 年 6 月起，要
揭露氣候風險的財務訊息

OO 公司
資產負債表
2019

資產　　　　　　　　　負債

　　　　　　　　　　　股東權益

附註：或有資產與或有負債、相關風險訊息

動動腦

1. 預算是內部控制的財務手段，想想其他控制手段還有哪些？
2. RAROC 與組織發放年終獎金有關聯嗎？
3. EP 是什麼？與截止率有何關聯？

9-2 監督與績效評估

本單元是財務風險管理實施最後的步驟，也是管理財務風險自我循環過程的起頭。

一、審計委員會與外部稽核

董事會除設置風險管理委員會外，須設置監察人制度或設置審計委員會，獨立監督組織 ERM 過程。根據沙賓奧斯雷法案 (Sarbanes-Oxley Act)，審計委員會主要的功能就是在監督公司稽核策略與政策，以及監督財務報表與內外部稽核報告的可靠與正確性。其次，根據史密斯指引 (Smith Guidance)，審計委員會也有責任監督公司內部控制的效率與效能。外部稽核人員則負責提稽核報告給公司股東。

二、IIA 內部稽核的新定義

IIA(The Institute of Internal Auditors) 對內部稽核做如下的定義：內部稽核是種獨立的、具備客觀的與諮詢的活動，這些活動旨在增進組織價值與改善組織的營運。它藉由系統化與組織化的方法協助組織評估與改善風險管理、控制與治理過程的效能以達成組織目標。

三、稽核風險與內部稽核的新職能

內部稽核新職能的工作程序，首先，要檢視風險管理程序是否有效？如果無效，則內部稽核人員應重新檢視目標、協助辨識風險與協助檢視營運活動易發生的風險。相反的，如果檢視風險管理程序是有效的，那麼，內部稽核人員應盡可能以組織的風險觀點，檢視風險的範圍，決定稽核工作範圍及重點，進而依風險高低執行分析性覆核。其次，針對個別風險覆核風險管理程序是否滿足適足性？如程序不適足，重新協助

評估及辨識風險。如程序適足，則要確保風險管理的執行。最後，再次確認所有的程序皆如期執行並持續改進。上述風險基礎的內部稽核 (RBIA: Risk-Based Internal Auditing) 新職能，同樣適用在財務風險管理中，其工作程序參閱下圖 9-2-1。最後，稽核工作也可能存在稽核風險 (AR: Audit Risk)。

圖9-2-1 RBIA 稽核程序

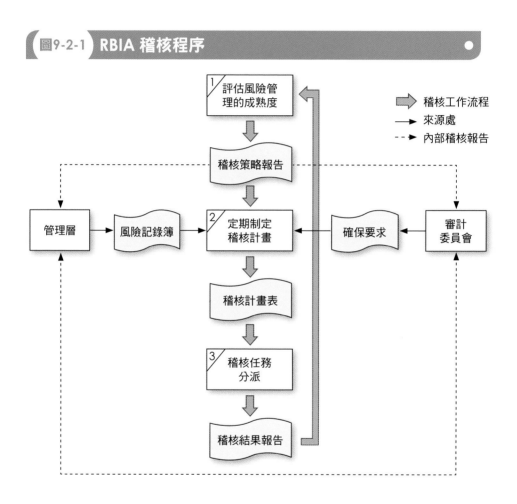

四、績效衡量指標與報告

1. RAROC 與質化效標

衡量指標包括量化指標與質化效標。量化指標的 RAROC 概念，前已提及，經濟價值加成或經濟利潤除可作為控制手段外，也是重要的績效衡量指標。這常見於金融保險業的風險管理績效衡量。其次，質化效標可參考 S&P 各質化效標，例如：經濟資本模型是否有配合需求調整？

2. 績效報告

最後，績效要以書面報告呈現，例如：年度績效報告書、各風險 VaR 值報表等。

| 表9-2-1 | 財務風險 VaR 值報表 |

	某年度 VaR 值			某年度 12/31 VaR 值	去年度 12/31 VaR 值
	平均值	最低值	最高值		
市場風險	*****	****	***	***	****
信用風險	***	***	***	***	***
流動性風險	***	***	***	***	****
減：風險分散	──	──	──	──	──
VaR 值總計	****	***	***	****	****

表9-2-2 **財務風險管理年度績效報告書樣本**

某年度財務風險管理績效報告

1. 前言	XXXXXXXX
2. 財務風險控制績效	XXXXX
3. 財務風險融資績效	XXXXXXX
4. 財務風險溝通	XXXXXX
5. 財務危機管理與 BCM	XXXXX
6. 檢討與建議	XXXXX
7. 結語	XXXX

動動腦

❶ 所有組織活動均伴隨風險,所以想想風險管理績效真能獨立衡量嗎?

❷ 內部稽核是什麼?有風險嗎?

❸ 審計委員會的功能是?

Marteting
Investment

Demand
Planning

Digital
Auditing

Chapter 10

財務風險管理專題

10-1 模型風險管理

嚴格來說，模型風險並非財務風險，而是作業風險，但與財務資產評價關係密切，所以財務風險管理中也常將其納入財務風險。

一、財務模型與模型風險的來源

傳統的財務資產，例如：股票；複雜的財務資產，例如：衍生品。它們的評價均需財務模型，前者簡單，後者複雜，但都是在虛擬世界（財務模型假設存在完全有效率的資本市場，但真實世界的資本市場與此假設總有出入）裡的評價，不是在真實世界，而虛擬與真實間就會有落差，這就是財務模型風險的基本根源。其次，金融市場的參與者為了競爭，追求財務創新、發展新模型（需要「火箭」科學家[1]），當管理者的數學運算與理解能力跟不上時，錯誤就容易出現，這也是模型風險的來源，例如：錯用模型、模型表述出問題、投入模型的數據錯誤等。

二、模型風險的類別

針對模型風險可進一步區分為四種類別：第一種是投入風險，例如：交易資料與市場資料數據投入錯誤等；第二種是估計風險，例如：模型估計結果錯誤、錯誤的模型測定、估計的參數錯誤等；第三種是評價風險，例如：財務資產評價出問題等；第四種是避險風險，利用模型避險與真實情況有所出入，例如：錯誤的避險、模型很少考慮流動性擠壓的風險問題等。

三、模型風險管理

模型風險管理者除須具備模型風險溝通能力與技巧外，應對模型風險仍然須從兩方面著手：

---

1 財務資產創新，創造新財務模型均需複雜的數學，太空科技的火箭科學家們最具備複雜數學的運算能力，因此具備複雜數學運算能力的專家可比方成「火箭」科學家。

1. **模型風險控制**：旨在降低錯誤發生的機會與縮小導致的損失，這須診斷財務模型對市場表達的適當性與合理性，具體包括：(1) 模型需文件化：文件內容上包括模型的基本假設、數學運算等；(2) 模型需健全化：檢查模型是否能夠對財務資產評價做出合理的表達；(3) 發展標準的基礎模型：就是發展以既有的假設和交易情形為基礎的標準模型；(4) 對模型進行壓力測試：這在確定模型會提供正確評價的參數價值之範圍。其次，模型風險控制也需建置獨立的模型資料庫。此外，高階管理者需剔除只看利潤不重風險管理的心理。

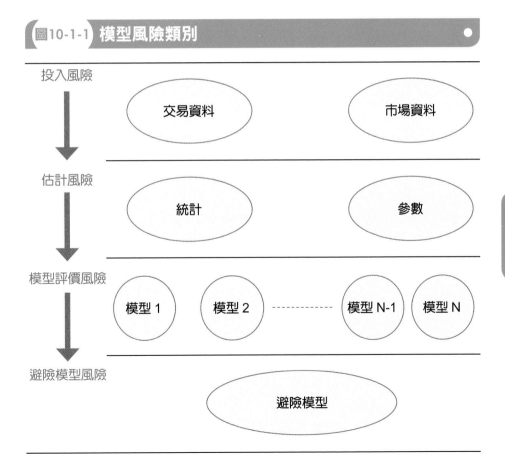

圖10-1-1 模型風險類別

投入風險

交易資料　　　　市場資料

估計風險

統計　　　　參數

模型評價風險

模型 1　模型 2 -------- 模型 N-1　模型 N

避險模型風險

避險模型

2. **模型風險融資**：旨在做彌補損失的財務安排。由於模型風險屬於作業風險，如因作業失誤須負法律責任，此時，保險市場中如有承保因模型錯誤導致責任的保險商品，風險融資時，就可考慮購買責任保險進行風險轉嫁。如保險市場中無此類商品，組織內部可考慮成立自我保險基金以吸納損失。

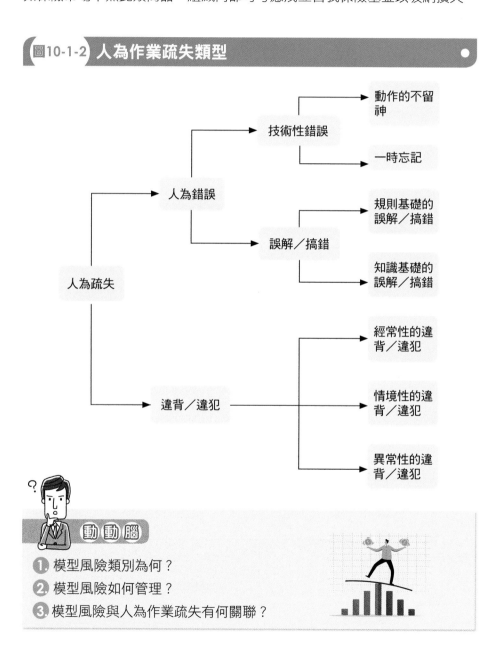

圖10-1-2 人為作業疏失類型

動動腦

1. 模型風險類別為何？
2. 模型風險如何管理？
3. 模型風險與人為作業疏失有何關聯？

10-2 保險公司資產負債管理

資產負債管理源自銀行業，根據研究，銀行的資本成本高過壽險業，壽險業的獲取成本卻高過銀行業。兩者同屬風險中介業，因此，保險公司同樣要重視資產負債管理。

一、負債面管理

保險公司約九成負債是各類準備金，這些均與保險客戶有關。所以，負債面管理必須從保險公司的內部核保機制與政策、保費的訂定、理賠審查機制，以及再保險著手。內部核保機制與政策是把關的第一步，把關的目的是在選擇接受好風險、拒絕壞風險，進一步達成降低損失率或賠款率的目標，如此可防範風險過度集中、控制理賠。其次，保費的制定要達成充分、合理與適當的目標。保費收取不足，問題會很大，不但無法支應賠款，更無法提供吸納緩衝損失的風險資本，保險公司破產機會就會增高。至於理賠審查機制目的在於節流，防範詐欺與道德危險因素。最後，將過度風險集中的業務，設法轉嫁給再保險人，迴避承擔過大的風險。

二、資產面管理

資產面管理要靠保險公司的投資政策與避險。保險公司的投資政策要配合《保險法》的規定，《保險法》對投資類別、限額都有規定。投資政策要注意風險分散與資產配置，避險則可進行各類衍生性商品的操作。

三、權益面管理

僅為負債面或資產面的管理是為狹義的資產負債管理，全面兼顧負債面與資產面的管理是為廣義的資產負債管理，也就是權益面管理。負債面涉及現金流出，資產面涉及現金流入，前者大於後者則流動性風險大增、破產機會大，後者大於前者則流動性風險低、破產機會小。影響保險公司資產或負

債的風險因子極多，但同時影響資產與負債現金流的是利率風險。利率跌，資產負債價值就上升；利率漲，資產負債價值就降低。資產負債漲跌幅不一，就直接影響權益的波動。因此權益面管理也就是資產負債管理，管的就是利率風險與流動性風險。

四、利率風險管理與免疫概念

利率風險是財務風險管理的核心項目。利率有名目利率與實際利率，扣除通膨因子的名目利率就是實際利率。利率風險均因利率變動引起，又可細分收益風險、價格風險、再投資風險、結構風險與信用風險。傳統利率風險評估可採用到期期限、基本點價格值、持有期間、凸度等衡量。應對利率風險，有利率風險控制的免疫概念與其他技術，利率風險融資則有利率

衍生性商品。免疫 (Immunization) 概念是由英國精算師 Redington, F. M. 提出，其意旨是利用投資與融資策略的改變規避利率風險。Redington 所創的基本模型，成為後續研究者研究利率問題的基礎。

圖 10-2-1 **負債面管理：核保**

增強競爭力

01

只有健康者才可保　　賠得少　　　誰都可保　　　賠得多

競爭力愈強　　　　　　　競爭力愈弱

適用適當費率

02

好房子　　　　收費低　　　不好的房子　　　收費高

風險妥適分配

03

保險公司　只保　西門町地區的房子　　保險公司　分散保　台北松山　高雄三民區

不妥適　　　　　　　　　　妥適

Chapter **10**

財務風險管理專題

179

圖10-2-2 資產面管理：投資類別

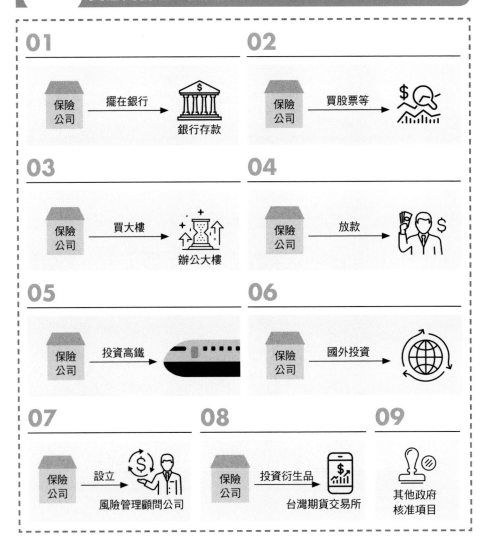

01 保險公司 —擺在銀行→ 銀行存款

02 保險公司 —買股票等→

03 保險公司 —買大樓→ 辦公大樓

04 保險公司 —放款→

05 保險公司 —投資高鐵→

06 保險公司 —國外投資→

07 保險公司 —設立→ 風險管理顧問公司

08 保險公司 —投資衍生品→ 台灣期貨交易所

09 其他政府核准項目

動動腦

① 解釋一下，資產負債管理就是利率風險與流動性風險管理？

② 利率風險是系統風險還是非系統風險？應對利率風險有何妙招？

③ 再保險對保險公司為何重要？

銀行與保險由於是風險中介行業，與非風險中介的行業不同，所以各國政府對這些行業通常採特許制度，國際上對這些行業也有嚴格的風險管理要求，也就是 Basel 協定（巴賽爾協定）與歐盟 Solvency II（清償能力 II）的規定。本單元首先簡要說明銀行的 Basel 協定。

一、Basel 協定簡史

Basel 協定起源於兩家著名銀行的倒閉事件，一為聯邦德國 Herstatt 銀行，另一為美國 Franklin 國民銀行。嗣後，1988 年國際清算銀行發布了 Basel I，後因 Basel I 有所缺失，乃經由修訂補充過程，陸續出現了如今的 Basel II 與 Basel III。Basel I 採單一支柱最低資本的要求（只針對市場風險與信用風險），Basel II 與 Basel III 都是採三大支柱，第一支柱是最低資本要求，第二支柱是監理覆審，而第三支柱是市場紀律。截至 Basel III 出現時，除市場風險與信用風險外，作業風險與流動性風險也都納入相關的要求與規定。

二、第一支柱——最低資本要求

Basel 協定關於資本最低的要求，是採依風險未來變化與規模大小的風險基礎資本制度。此種制度下，業者的資本適足率未達要求時，就隨時會有現金增資的壓力，這有別於早期的固定資本制度。須留意的是，該支柱在 Basel III 規定下增加了槓桿比率與流動性風險的監控指標（流動性覆蓋率與淨穩定資金率），但對流動性風險暫無最低資本的要求。其次，對資本的認定，Basel I 與 Basel II 都要求第一類、第二類與第三類資本，Basel III 則刪除第三類資本但提高第一類與第二類資本

Chapter 10

財務風險管理專題

表10-3-1 Basel I vs. Basel II vs. Basel III

項目	Basel III	Basel II	Basel I
支柱	三支柱——第一支柱加入槓桿比率，二、三支柱不變	三支柱	單一支柱——最低資本要求
最低資本要求——風險類別	三大風險外，對流動性風險提出新指標 LCR 與 NSFR，但沒要求計提最低資本	市場、信用、作業風險	信用與市場風險
最低資本要求——資本類別	第一與第二類資本限制提高，刪除第三類資本	不變	三類資本
最低資本要求——信用風險資本計提	引入額外的緩衝資本 CCB 與抗景氣循環緩衝資本	標準法 內建評等法：基礎法與進階法	標準法
最低資本要求——資產信用風險權重	不變	0%、20%、50%、100%、150% 五類	0％、20％、50%、100% 四類
最低資本要求——外部信評機構	不變	允許外部信評	Nil
信用風險沖抵操作	不變	允許信用風險沖抵操作	少數允許
資產證券化	不變	資產證券化的資本計提	Nil
市場風險資本計提	未變	未變	未變
作業風險資本計提	未變	基本指標法 標準法 進階衡量法	Nil
第二支柱	未變	如下一頁的內容	Nil
第三支柱	未變	如下一頁的內容	Nil

的限制。對信用風險的資本計提方法，Basel I 採用標準法，Basel II 可用標準法或內建評等法，Basel III 除採用 Basel II 要求的計提法外，另額外引入緩衝資本。最後，針對資產的信用風險權重、外部信評機構、信用風險沖抵操作（也就是信用風險的應對）、資產證券化、市場風險與作業風險資本的計提等方面，Basel III 均沿用 Basel II 的要求。

三、第二支柱——監理覆審

Basel I 沒有此支柱，Basel II 增加第二支柱監理覆審的規定，主要在審核評估在第一支柱下，銀行進一步採行進階法所需要件的審核，尤其對信用風險的進階內部評等基準法與作業風險的進階衡量法的要求。Basel III 則沿用 Basel II 的要求。

四、第三支柱——市場紀律

同樣 Basel I 也沒有此支柱，Basel II 增加第三支柱市場紀律的要求，一般性的考量包括：揭露要求、指導原則、達成適當揭露、會計揭露的互動、重大性、頻率，與機密及專屬資訊等七項。Basel III 則沿用 Basel II 的規定。

1. Basel 三支柱為何？
2. 為何有 Basel 協定？
3. 想想三支柱中，第一支柱最重要，對嗎？

本單元除作業風險（因它不是財務風險）與流動性風險（因 Basel III 只增加監控指標，並無要求計提最低資本）外，只簡單說明市場與信用風險在 Basel 協定中的規定。

一、市場風險

首先，說明最低資本要求的資本適足率 (Capital Adequacy Ratio)（也就是自有資本比率）。在 Basel I 中由於只考慮市場風險與信用風險，所以資本適足率標準是：自有資本／（信用風險資產＋市場風險約當資產）≥ 8%；換句話說，一塊錢自有資本可吸收來自市場風險與信用風險導致的 12.5(1/8%) 塊錢的資產損失。其中，市場風險約當資產的估計值是市場風險計提資本乘以 12.5 而得。在 Basel II 中增加考慮作業風險，資本適足率標準還是 ≥ 8%，而公式中的分母多加了作業風險約當資產，其計算與市場風險的計算相同，在此不另列。

其次，在 Basel I 與 Basel II 中，合格的自有資本有三類，但在 Basel III 中，刪除了第三類資本。第三類資本吸收損失的能力比第一與第二類資本弱，它是到期期間超過兩年的短期次級順位債券，按規定這資本只能用來吸納市場風險導致的損失。第二類資本包括：1. 尚未揭露的準備金；2. 資產重估準備金；3. 備抵呆帳；4. 混合證券，例如：可累積特別股；5. 長期次順位債券。第一類資本有股東權益與已揭露的資本公積，這是吸納損失最強

的核心自有資本。以上三類資本在吸納市場風險與信用風險方面，Basel 協定另有限制（見下表 10-4-1）。最後，Basel II 對市場風險的評估有兩種方式：1. 採用標準法：就是在不考慮風險間的互動下，計算各市場風險的風險值，之後相加而得。也就是利率風險值、匯率風險值、權益風險值、商品風險值與選擇權風險值的加總。2. 內建模型法的 VaR 值、回溯測試與壓力測試。另一方面，Basel III 對資本適足率除引進槓桿比率與逐漸要求提高總資本適足率（如提高至 10.5%）外，還進一步要求銀行增加兩類緩衝資本用來應對順景氣循環 (Procyclicality)，一類是留存緩衝資本 (CCB: Capital Conservation Buffer)，另一類是抗景氣循環緩衝資本 (Countercyclical Capital Buffer)。

二、信用風險

Basel I 最初的單一支柱對最低資本的要求，僅涉及信用風險資產，之後才引進市場風險約當資產。信用風險資產分成資產負債表內資產與表外資產，表內資產依據信用風險高低分別給予四類信用風險權重，也就是 0%、20%、50% 與 100%（Basel II 已產生改變，見下表 10-4-2）。之後將資產的名目本金乘以對應的信用風險權重，就得出各個資產的信用風險金額，而將所有資產的信用風險金額加總就是信用風險資產，此信用風險資產乘以 8% 就可得吸納信用風險的最低自有資本。至於表外資產（衍生品與非衍生品）則以信用曝險額衡量。其次，信用風險評估則有標準法與內建評等法，前者類似前提的信用風險資產計算方式但區分得更細，後者則可再分基礎法與進階法。

表10-4-1 **Basel 核可的合格資本** ●

項目	應對信用風險	應對市場風險
資本種類	1. 第一類自有資本 2. 第二類自有資本	1. 應對信用風險後剩下的第一類與第二類自有資本 2. 第三類自有資本
合格資本的條件	第一類自有資本 ≥ 第二類自有資本	1. 第一類自有資本 ≥ 第二類自有資本 2. 第二類自有資本 + 第三類自有資本 ≤ 市場風險的第一類自有資本 × 2.5
合格資本總額的限制	第一類自有資本 ≥ 第二類自有資本 + 第三類自有資本	第一類自有資本 ≥ 第二類自有資本 + 第三類自有資本

動動腦

1. 銀行資本適足率 8% 的涵義？

2. 合格的自有資本有哪三類？ Basel III 刪除第三類資本，作用何在？請想想。

3. 上網查查 OECD 是什麼？

表10-4-2
資產負債表表內風險資產的信用風險權重（Basel I 的規定）

風險權重	風險資產項目
0%	1. 現金 2. OECD 中央政府債券 3. 本國中央政府債券 4. 已投保的不動產抵押放款
20%	1. 應收帳款 2. OECD 的銀行或證券公司借款 3. 非屬 OECD 的銀行一年期以下借款 4. OECD 政府國外部門的借款 5. 與本國有多邊協定的發展中國家銀行的借款
50%	未投保的不動產抵押放款
100%	1. 對民間部門的債權或所有權，含公司債與股票 2. 非屬 OECD 的銀行一年期以上借款

Basel II 與上表 Basel I 最主要的不同：

1. 風險權重增加 150%，變五類，對政府、公部門、銀行、三個月內到期的短期放款等信評未達 B⁻ 者，以及企業信評未達 BB⁻ 者，給 150% 的風險權重。
2. 不再區分 OECD 與非 OECD。
3. 依據信評等級給權重，不依據上表 Basel I 風險資產項目給權重。

* 表外資產的信用風險資產應計提的資本 =（信用曝險額 × 交易對手的風險權重 ×50%）×8%

10-5 保險業的國際監理規範

一、歐盟 Solvency II

　　歐盟保險監理 Solvency II 的前身，並沒有正式稱為 Solvency I 的保險監理制度，但 1973 與 1979 年的產險指令與壽險指令，一般即認為是 Solvency II 的前身，就認為是「Solvency I」。2003 年歐盟成立了歐盟保險及勞工退休基金監理代表委員會 (CEIOPS: The Committee of European Insurance and Occupational Pensions Supervisors)，該委員會乃 Solvency II 的主要執行機構。Solvency II 也如 Basel II 有三個支柱，分別是第一支柱的數量要求標準，相當於 Basel II 第一支柱的最低資本要求，其次是相當於 Basel II 第二支柱的監理檢視流程，最後一支柱是監理報告與公開資訊揭露。以下茲簡要說明三大支柱的內容。

二、第一支柱——數量的要求標準

　　第一支柱主要的數量要求，就是準備金的計算與保險公司清償資本的要求。保險業特殊的地方，就是賣一張保單，相對地便須承擔風險，就須提列準備金，列入保險公司負債項目。在國際財務報導準則 (IFRSs: International Financial Reporting Standards) 的要求下，保險公司資產與負債均以公平價值 (Current Exit Value/Fair Value) 衡量。相對而言，負債衡量較資產衡量複雜許多，保險公司負債的公平價值以最佳估計值 (Best Estimate) 加上風險邊際[1] / 利潤 (Risk Margin) 之和為衡量基礎，也就是：負債公平價值＝最佳估計值＋風險邊際。其中最佳估計值，係指在一定假設下，保單未來所有現金流量現值（以無風險利率折現）機率分配的期望值，也就是 50 百分位數。然而，最佳估計值仍無法反映保單價值的絕對性，因計算的假設會隨時間變動。因此，負債公平價值除最佳估計值外，要加上風

---

1 此處所言風險邊際，與精算中的風險邊際不同，此處是指利潤而言。

險邊際，使其能合理反映保單價值。第一支柱的數量要求，除準備金的計算外，另一最重要的就是清償資本要求。清償資本要求有最低資本額 (MCR: Minimum Capital Requirement) 與清償資本額 (SCR: Solvency Capital Requirement) 的雙元標準，通常 MCR 為 SCR 的某一百分比。清償資本額就是保險公司的風險資本，計算 SCR 也有標準法與內部模型法兩種，其內容與 Basel 協定所稱的標準法與內部（或內建）模型法有別。內部模型法下的 SCR 會比標準法下的 SCR 少，因採用內部模型法除有充分內部數據外，要符合政府的要求與同意。

圖10-5-1 **Solvency II 與 Basel II 的異同**

Solvency II
vs.
Basel II

Solvency II 第一支柱涉及所有重要風險，但 Basel II 則將利率風險放在第二支柱

在同樣一年期下，Basel II 以 99.9% 為計算 VaR 信賴水準，但 Solvency II 則採 99.5% 為信賴水準

Solvency II 第一支柱數量的要求，有準備金與資本額的要求，但 Basel II 第一支柱只有資本額的要求

針對國際金融集團，Basel II 是採整合監理，但 Solvency II 是採個別監理

Basel II 的監理會引導銀行重新設計核心作業流程，但 Solvency II 只會改變保險公司的經營策略，對核心作業流程的重新設計沒有引導作用

Solvency II 發展晚，模仿採用 Basel II 的許多方法論與技術

三、第二與第三支柱──監理檢視與監理報告及公開資訊揭露

第二支柱著重保險公司內部管理的品質,同時監理機關在一定條件下,要求保險公司增加資本。第三支柱是監理報告、財務報告與資訊的揭露,該支柱主要在使公司所有利害關係人了解保險公司的財務狀況,關於此點,Solvency II 可能接軌 IFRSs 的規範,以取得報告的一致性。

圖10-5-2 標準法與內部模型法的 SCR

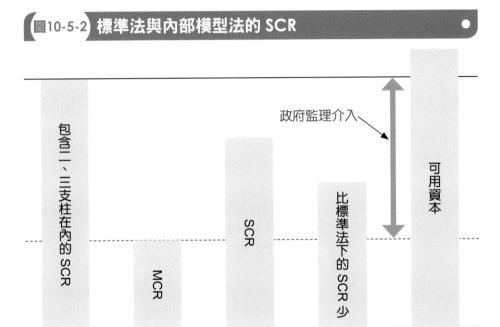

政府監理介入

包含二、三支柱在內的 SCR

MCR

SCR

比標準法下的 SCR 少

可用資本

安全網　　　標準法　　　內部模型法

動動腦

1. 想想為何 Basel II 與 Solvency II 要求計算 VaR 的信賴水準會不同?
2. 何謂最佳估計值?負債公平價值?
3. Basel II 與 Solvency II 間的三大支柱有何不同?
4. 想想將來有沒有可能出現 Solvency III,就像銀行國際監理 Basel III?理由是?

10-6　IFRSs

國際財務報導準則 (IFRSs: International Financial Reporting Standards) 是財務會計領域近年來最重大的變革。這項變革影響深且廣，由於公平價值是 IFRSs 評價資產與負債的基礎，因此，不僅包括財務會計學界，也幾乎包括所有行業的風險管理、財務會計處理，與稅務及監理，均受其影響。台灣政府已決定接軌 IFRSs，2012 年是採雙軌並行制，也就是原有的台灣會計準則與 IFRSs 並行，嗣後，全面採行 IFRSs。

一、IASB 與 IFRSs

國際會計準則理事會 (IASB: International Accounting Standards Board) 的前身是國際會計準則委員會。IFRSs 就是由 IASB 制定發布。負責制定 IFRSs 的 IASB，其主要職責有二：一為依據已建立之正當程序制定及發布 IFRSs；二為核准 IFRSs 解釋委員會對 IFRSs 所提出的解釋。另一方面，世界各國接軌使用 IFRSs 的情況，亦值得留意，尤其美國與中國。美國的一般公認會計準則 (GAAP: Generally Accepted Accounting Principle) 在 IFRSs 發布前，一向為各國遵循，包括台灣。GAAP 是以規則為基礎 (Rule-Based)，在此基礎下，會計人員可卸責，但 IFRSs 是以原則為基礎 (Principle-Based)，在此基礎下，會計人員難卸責。美國由於是世界強國，

且也可說是世界經濟的中心所在，因此，接軌 IFRSs 可能爭議多，但美國的證券交易委員會仍決定在過渡期之後，強制接軌 IFRSs。至於中國，則在制定其本國會計準則時，會參考 IFRSs，但仍存在部分重大差異。

二、IFRS 4

所有 IFRSs 準則對所有的企業會計與風險管理，均有深度的影響。以 IFRS 4 為例，IFRS 4 對一般企業公司以保險作為風險轉嫁工具時，以及對保險公司的經營而言，是息息相關的。IFRS 4 相關規定包括：1. 何謂保險合約；2. 範圍；3. 認列與衡量；4. 揭露；5. 未來發展。IFRS 4 對保險合約的定義，係指當一方（保險人）接受另一方（保單持有人）之顯著保險風險移轉，而同意於未來某特定不確定事件（保險事件）發生致保單持有人受有損害時，給予補償之合約。該合約須包括四項主要要素：1. 未來特定不確定事件之規定；2. 保險風險之意義；3. 保險風險是否顯著；4. 保險事件是否致保單持有人受損害。

三、IFRSs 對台灣保險業的衝擊——以壽險業為例

IFRSs 對於壽險業，總體來說，對下列特定問題會有重大衝擊：第一、以公平價值為基礎的資產負債評價問題；第二、會計科目的問題；第三、營利事業所得稅的問題；第四、保險合約的問題；第五、相關法令配套與衝突問題；第六、IFRSs 專業人才不足問題。例如：以第一點來說，以公平價值為基礎評價壽險業的資產負債，將使其股價產生變化，從而關聯到利害關係人的權益。

圖10-6-1 IASB 架構

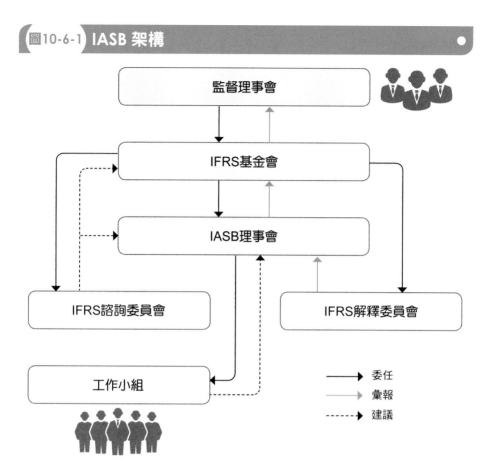

Chapter 10 財務風險管理專題

圖10-6-2 IFRS 4

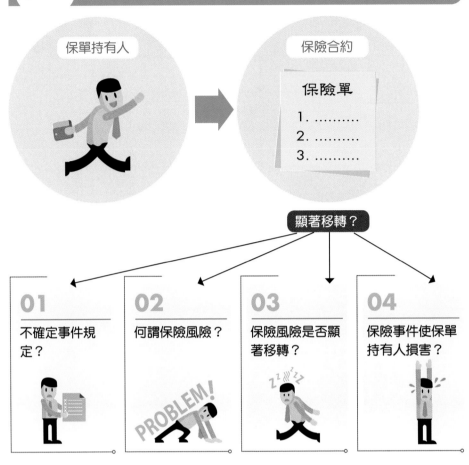

動動腦

① IFRSs 是以原則為基礎，在此基礎下，為何會計人員難卸責？

② 請你搜尋公平價值的定義。

③ 請你搜尋何謂顯著的保險風險移轉？

10-7 非金融保險業財務風險管理的揭露

　　非金融保險業由於不是特許行業，也非風險中介業，在風險管理上（含財務風險管理）受到政府機構監理的要求，比金融保險業寬鬆（例如：沒有資本適足率的強制規定），但未來政府監理方向與要求上，有可能趨向嚴謹。此外，非金融保險業風險管理上，也常受到來自融資銀行的要求。本單元以美國及以色列為樣本，簡單說明這兩個國家證券主管機關對非金融保險業財務風險訊息揭露的要求，本單元的內容雖非最新，但目的只是要非金融保險業了解政府的證券主管機關早在 20 世紀末，就已開始注意到非金融保險業風險管理的問題。最近，為了企業永續發展的目標，台灣政府要求一般企業自 2023 年 6 月起要揭露氣候變遷風險引發的財務訊息，這就說明了未來政府的監理對非金融保險業，可能要求更多。

一、美國證期會的揭露要求

　　1997 年開始，美國證期會就已要求上市櫃公司須公開其市場風險的量化與質化資訊，而其重點在市場風險曝險額與具有市場風險敏感度的工具。風險揭露的準則如下：

1. 公司財務部位、現金流量與營運結果對財報的影響要透明化。
2. 應提供市場風險曝險額的資訊。
3. 風險揭露應可解釋具有市場風險敏感度的工具如何應用在公司營運。
4. 市場風險的揭露不應僅重衍生品，也應反映出所有市場風險敏感度工具可能造成的損失。

5. 市場風險的揭露應具彈性，能反映公司特性、不同程度的市場風險曝險額，以及是否有其他衡量市場風險的方式。

6. 在適當情況下，市場風險的揭露應包括有關的槓桿操作，以及選擇權利（例如：公司選擇提早還清貸款）與預付項目產生的特殊風險。

7. 為降低遵循成本，政府新的揭露標準應建立在現行規定上。

其次，質化資訊的揭露項目包括：1. 在會計年度結束時要描述市場風險曝險的情形；2. 公司如何管理市場風險，這包括管理目標、戰略與應對市場風險的工具；3. 對市場風險曝險額與管理戰略的重大變化。

最後，針對財務風險管理的揭露方式有三種方式供企業選擇：1. 表列法；2. 敏感度分析法；3. 風險值法。

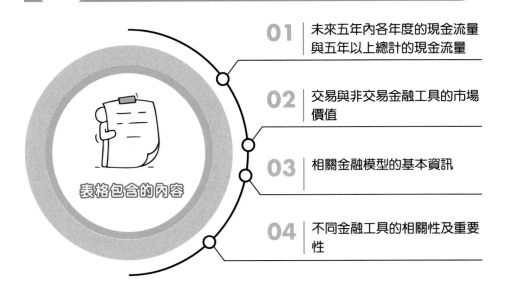

圖10-7-1 美國證期會對非金融保險業財務風險管理的揭露方式：表列法

01 未來五年內各年度的現金流量與五年以上總計的現金流量

02 交易與非交易金融工具的市場價值

03 相關金融模型的基本資訊

04 不同金融工具的相關性及重要性

表格包含的內容

圖10-7-2 美國證期會對非金融保險業財務風險管理的揭露方式：敏感度分析法

模型與假設的描述中對損失的定義；換言之，對會計利潤、市場價值與現金流量而言，損失是什麼？

01

分析基礎包含會計利潤、市場價值與現金流量

02

模型與假設的描述中，應評估風險因子改變造成影響的經濟模型

模型與假設的描述中，應描述模型所含的金融工具種類

03

04

模型與假設的描述中，應描述模型的假設與參數

圖10-7-3 美國證期會對非金融保險業財務風險管理的揭露方式：風險值法

風險值法的內容

會計利潤、市場價值與現金流量是衡量的基礎，在這些基礎下採用何種估計方法估計 VaR

所有相關模型的假設與參數的說明、損失的定義

風險因子變化的機率分配的假設與結果

不同種類資產的風險值可選擇不同的報告方式，例如：選擇報告期間內低、平均、高的風險值或分配圖

Chapter **10**

財務風險管理專題

二、以色列證期會的揭露要求

由於全球金融環境的重大改變，1998 年由以色列 Dan Galai 教授領導的委員會接受以色列證期會委託，提出市場風險揭露標準，該標準也分量化與質化，且比美國標準更細，僅節錄部分須揭露的質化資訊如下：1. 風險管理負責人的姓名及是否成功履行個人職務等；2. 董事會對市場風險的管理政策為何；3. 對風險管理是否訂有預算限制；4. 從事避險所使用的基本工具為何；5. 董事會所設定的風險限額為何。

動動腦

❶ 金融保險業與非金融保險業在風險管理上，政府的要求為何會有不同？

❷ 非金融保險業的財務風險管理從市場風險、信用風險與流動性風險來說，和金融保險業的財務風險管理相較，你認為會有差異嗎？有或沒有，說說你的理由。

10-8 銀行的轉撥計價機制

　　7-11 便利商店與銀行對比，相同的是有各地分店或分行，不同的是 7-11 每日現金流入比流出頻繁，銀行則是每日現金流入（存款）與流出（提款）均極為頻繁。因此，銀行為管理資金調度，乃產生資金轉撥計價 (FTP: Funds Transfer Pricing) 機制。

一、資金轉撥計價的目的

　　FTP 可使各地分行不必擔心利率風險對其執行業務的影響，只需全心專注於商品價差的管理，增加營業獲利即可。具體來說，有四點目的：1. 更有效率地集中管理資金、調度資金缺口及投資剩餘資金；2. 將利率及資金流動性風險自各地分行移轉至財務單位；3. 提供明確之流程讓各地分行認知其邊際資金成本，確保貸款能被適當地訂價，同樣的，資金籌措單位將以邊際收益為基準來決定各天期之存款利率；4. 提供各地分行對於客戶收益率與商品獲利率之衡量方式。根據這些目的，銀行可根據本身特性，訂定原則、程序與計價。以下為某銀行的 FTP。

二、內部轉撥計價原則

　　1. 資產負債管理委員會是負責內部轉撥計價機制的主要單位；2. 應具備內部轉撥計價作業準則，內容應說明責任分工及所採用之利率結構建置方法；3. 對所有銀行簿（相對於交易簿）的表內項目都需要有其對應之轉撥計價利率；4. 相關單位應每日執行內部轉撥計價流程。

三、內部轉撥計價程序

　　1. 建置內部轉撥計價的利率期限結構。2. 將負債以內部轉撥價格計價，使資金從資金來源單位移轉至資金調度單位，並且將資產以轉撥價格計價，將資金由資金調度單位移轉至資金支出單位。營業單位可藉由轉撥計價的過

程將利率風險完全轉移至資金調度單位並集中管理。3. 分析銀行的存貸商品類別，根據其重訂價及現金流量的特性，將相似性質的商品歸類為同一商品組。依照其重訂價的頻率對應至利率期限結構相對的期間做轉撥計價。

四、內部轉撥計價方式

1. 單一利率群體；2. 複合利率群體；3. 複製投資組合；4. 到期期間／現金流量；5. 固定期間；6. 固定利差群體。

五、轉撥價格之計算

轉撥計價利率至少應考量以下商品的特性：1. 付息頻率；2. 重訂價頻率；3. 分攤償還時間表；4. 到期期限；5. 起始日或重訂價日的市場利率。其次，在決定商品組的轉撥計價方式後，可能因應該商品的流動性及隱含選擇權（提早還款或付息）特性，做計價調整。

圖10-8-1 銀行總行與分行間的資金流動

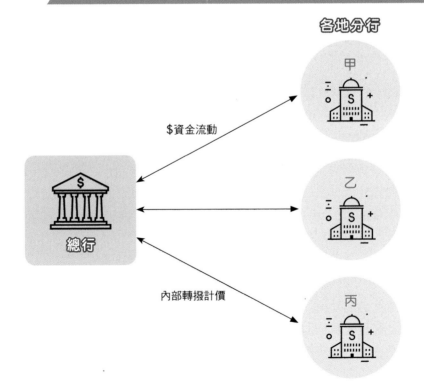

各地分行

甲

$資金流動

總行

乙

內部轉撥計價

丙

圖10-8-2 某銀行的 FTP 原則

負責單位：資產負債管理委員會

FTP 作業準則

銀行簿的表內項目都需要有其對應之轉撥計價利率

每日執行 FTP

動動腦

1. 銀行為何要進行 FTP ？
2. FTP 與財務風險管理有何關聯？
3. 轉撥計價利率該考慮哪些因素？

Risk

10-9 國際信評與信用風險

2008-2009 年間，發生了金融風暴，而美國的 AIG 集團國際信評等級是 A 級以上，結果 AIG 可是元凶之一。信評等級有用嗎？信用風險計量可靠嗎？其實這些都是大問題。有云「人言為信」，信用風險本就與人的心理素質、誠信態度有關。完全相信信評等級與數字的信用風險值，在信用風險管理上是很值得商榷的。

一、信用風險的歸類

前已提及，信用風險是信用或抵押借貸交易，債權人的一方，面臨來自債務人的違約或信評被降級，可能引發的不確定。依此定義，信用風險是投機風險還是純風險？是財務風險還是非財務風險？嚴格來說，這有討論空間。雖然常見信用風險歸類在財務風險，這種歸類可能的原因，作者認為是金融保險業常將其與利率計價掛鉤，或因債務人發生財務危機所致。

二、改善信評等級的另類看法

國際信評機構依靠信用風險計量，評等組織團體的信用等級，本是無可厚非，但自金融海嘯發生後，可再重新思考原有作法，有無須改善之處？畢竟任何組織團體雖是法人，但執行經營決策者仍是自然人，因此額外考慮債務人對信用風險的看法或許可能有幫助。這種考慮，理論基礎是風險的文化建構理論 (The Cultural Construction Theory of Risk) 所提的文化臉譜概念（見下圖 10-9-1）（詳閱拙著《風險管理精要：全面性與案例簡評》第二版第 15 章）。方法是採問卷設計方式，得出債務人的文化類型。就原信用風險計分外，再加減計分，以原計分為基準，平等型與官僚型文化者均可加分，市場型與宿命型文化者都減分，重新調整債務人信用評等等級。因為市場型文化的人，認為風險是樂觀的；如果他是債務人，因對信用風險持

樂觀看待，在還債條件規範下，會還債，但有延遲或提早付款的傾向。平等型文化的人，認為風險是危險的；如果他是債務人，因對信用風險持危險看法，在還債條件規範下，提早付款的可能性高。不付款或延遲付款都會被認為是危險的事。官僚型文化的人，認為風險是可控制的；如果他是債務人，因對信用風險持控制看待，在還債條件規範下，一定會準時付款的傾向高，但不會提早或延遲付款。宿命型文化的人，對風險是不在意的；如果他是債務人，因對信用風險不在意，在還債條件規範下，不付款的可能性高。

　　所謂信用，無論是對個人或公司組織的信用，授信機構考慮其誠信正直的要素永不落伍，別只信數字。最後，主要的國際信評機構 S&P、Fitch、Moody 等是以銀行證券業評等為主，雖然也做保險業評等。僅做保險業評等的機構是成立於 1899 年的美國 A. M. Best 公司。其發行的 *Best's Review* 雜誌，是保險實務領域的重要參考雜誌。貝式評等參閱下表 10-9-1 與表 10-9-2。

表10-9-1 保險業與貝式評等 (Best Rating)

等級代號	安全的貝式評等
A^{++} 與 A^+	卓越
A 與 A^-	優良
B^{++} 與 B^+	很好
等級代號	脆弱的貝式評等
B 與 B^-	普通
C^{++} 與 C^+	薄弱
C 與 C^-	脆弱
D	不良
E	主管機關監管中
F	清算中
S	暫停評等

表10-9-2

貝式財務表現評等
(FPR: Financial Performance Rating)

等級代號	安全的 FPR 評等
FPR9	極好
FPR8 與 7	很好
FPR6 與 5	好
等級代號	脆弱的 FPR 評等
FPR4	普通
FPR3	薄弱
FPR2	脆弱
FPR1	不良

圖10-9-1 文化臉譜

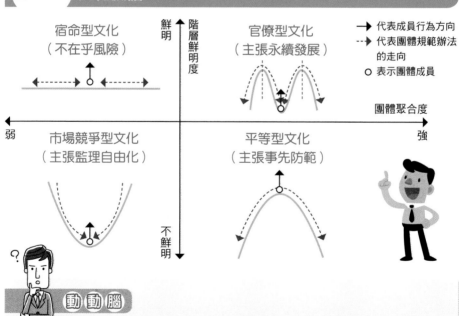

（動動腦）

❶ 你認為企業組織的信用與負責人的個人信用有沒有關聯？理由是？

❷ 風險的文化臉譜對評估信用等級有幫助嗎？理由是？

❸ 建議閱讀段錦泉著，《危機中的轉機：2008-2009 金融海嘯的啟示》，並說說心得。

10-10 流動性風險與組織經營績效

流動性風險過高，組織容易陷入財務危機，甚或破產。流動性風險則與組織的現金周轉期長短有關，而應付應收帳款天數的差距，除顯示組織團體對供應商與客戶的議價能力（對供應商議價能力強，應付帳款天數能拉長；對客戶議價能力強，應收帳款天數能縮短）外，也顯示會影響組織的現金流量（因應付帳款代表未來的現金支出，應收帳款代表未來的現金流入）。那麼，現金周轉期與應付應收帳款天數的差距對組織經營績效的影響，便也是財務風險管理中值得留意的問題。

一、現金周轉期

以一般企業來說，從支付現金購買原料開始，接著製造出產品，再經由銷售，以至獲取現金為止的期間，就稱為現金周轉期。由於行業性質有別，有些行業現金周轉期可長達一年以上，例如：飛機製造業；有些行業現金周轉期少於一年，例如：餐飲業。每一行業的現金周轉期長短均會與當時的經濟情況有關，經濟繁榮時，現金周轉期可變短；反之，都會拉長。顯而易見，現金周轉期與流動性風險有密切關係。此外，就企業經營來說，持有多少現金才算適量？如以一年為期，可先計算現金周轉期的天數，再計算現金周轉率，最後以一年現金需求量除以現金周轉率，就是一年當中最適當的現金持有量。以公式表示如下：1. 現金周轉期的天數＝應收帳款周轉期天數－應付帳款周轉期天數＋存貨周轉期天數；2. 現金周轉率＝365天／現金周轉期的天數；3. 一年現金最佳持有量＝一年現金需求量／現金周轉率。

二、應付應收帳款天數的差距

企業經營上很多買賣，通常均開立票據進行，這已是一種慣例（當然可採用現金，現金的時間價值需考慮）。這種慣例就形成應收帳款與應付帳款的會計科目，同時，開立票據會註記到期日，要開幾天或幾個月的票據，則全看雙方的議價能力而定。此時可能會出現三種情況：1. 議價能力強：應付帳款天數會超過應收帳款天數。這時就同一時點來說，暫時無融資問題。

Chapter 10

財務風險管理專題

2. 議價能力持平：應付帳款天數恰好等於應收帳款天數。這時就同一時點來說，也暫時無融資問題。3. 議價能力弱：應付帳款天數會少於應收帳款天數。這時就同一時點來說，流動性風險高。

三、組織經營績效

　　現金周轉期與應付應收帳款天數的差距對經營績效的影響，藉由實證研究，文獻顯示[1]：1. 現金周轉期與經營績效間，呈負相關，換言之，現金周轉期愈短，經營績效愈佳；反之，經營績效愈差。2. 應付應收帳款天數的差距與經營績效間，則呈正相關；換言之，應付應收帳款天數的差距愈長，經營績效愈佳；反之，經營績效愈差。

圖10-10-1 現金周轉期（或稱營業循環）

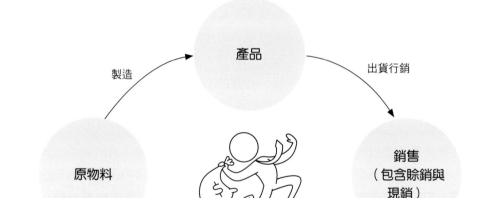

1 林旺賜博士（2018/01），現金周轉期間及應付應收帳款天數差距對公司績效的影響。高雄第一科技大學財務金融研究所。

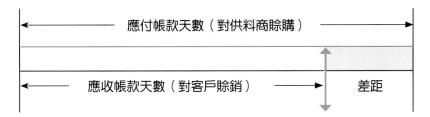

圖10-10-2 應付應收帳款天數的差距──議價能力強

應付帳款天數（對供料商賒購）

應收帳款天數（對客戶賒銷）　　　　　差距

圖10-10-3 應付應收帳款天數的差距──議價能力持平

應付帳款天數（對供料商賒購）

應收帳款天數（對客戶賒銷）

圖10-10-4 應付應收帳款天數的差距──議價能力弱

應付帳款天數（對供料商賒購）　　　　差距

應收帳款天數（對客戶賒銷）

動動腦

1. 對公司而言，一年最佳現金持有量如何計算？有何流動性風險上的意義？

2. 應付應收帳款天數的差距在財務風險管理上的涵義為何？

3. 應付應收帳款天數的差距與公司經營績效有何關聯？

10-11 銀行擠兌與存款保險

擠兌是銀行面臨的系統性風險，也是可能引發銀行破產的流動性風險事件。銀行接受客戶存款，即增加債務。接受存款後，銀行並不是單純地把客戶的錢放置保管，而是會把這些錢貸放給借款人或者投資，以賺取當中的利息或收益。所以當大量存款客戶在短時間內，同時要求提款時，銀行如無法支付這些提款金額，可能就會引發倒閉破產。

一、銀行擠兌事件

下面列舉幾個曾發生過的銀行擠兌事件：

1. 1985 年 2 月 9 日，台北市第十信用合作社因放款總額占存款總額之比率高達 102%，被財政部勒令停業三天，之後各分社發生擠兌，此次事件被稱為「十信案」。2. 1995 年 7 月 29 日，彰化市第四信用合作社總經理虧空鉅額公款潛逃，造成四信被擠兌 80.1 億元；其無預警停業後更導致縣內另七社全部爆發嚴重擠兌，人潮甚至使市區交通癱瘓。3. 2007 年 9 月 13 日，英國北岩銀行聲稱基於融資問題，接受英格蘭銀行一項緊急資助。一般人認為這次事件是因為美國次貸風暴引起。4. 2009 年 5 月 23 日，日本長期信用銀行因內部金融問題，資金不足，使得貸款泡沫化，三天後政府勒令停業。

二、銀行如何應對擠兌事件

針對擠兌事件，銀行應事先制定擠兌危機的應變計畫，該計畫至少應包含以下幾項：1. 管理階層行動計畫：銀行須指派危機管理團隊，負責危機之識別、管理及內外呈報溝通工作。2. 預警指標：銀行應明訂流動性風險的預警指標（例如：LCR），並建立用於持續監控及呈報此類指標之機制。3. 備用流動資金：應有備用資金以便在危機情況下能迅速彌補不足之現金流量。4. 與客戶之關係：應制定適當程序以決定危機發生時，客戶關係的

優先順序，例如：收回客戶授信額度的順序。銀行亦應與買賣交易對手及債務持有人保持良好關係，以便在危機情況下有機會獲取融資。5. 與傳播媒體聯繫及公開資訊：應制定銀行於面臨資金流動性危機時，所採取的應對方案。良好的公共關係將有助於銀行對抗可能引發存款擠兌之傳言。6. 高階管理階層／資產負債管理委員會應定期（至少每年一次）檢討應變計畫並做更新。

三、台灣的存款保險

台灣的存款保險是政策性保險，主要在保障存款人的資金安全，存款人存款的金融機構當要保人，負責支付保險費，保險人是中央存款保險公司，保險金額最高 300 萬台幣。保障範圍包括台幣與外幣存款的本金與利息。當銀行因擠兌破產經政府勒令停業時，由中央存款保險公司賠付存款人。

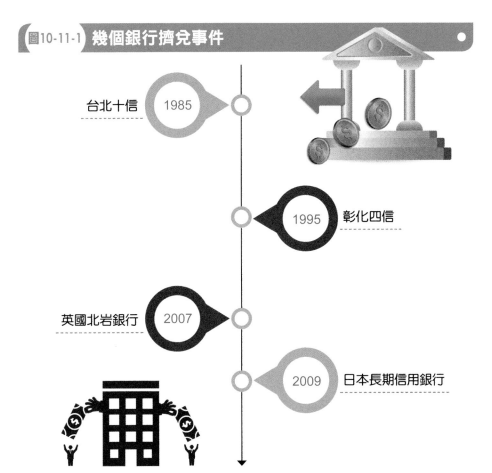

圖10-11-1 幾個銀行擠兌事件

台北十信　1985

彰化四信　1995

英國北岩銀行　2007

日本長期信用銀行　2009

圖10-11-2 銀行擠兌潮

眾人爭相擠著前往銀行提款

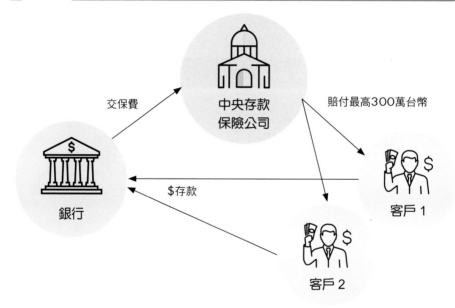

BANK

圖10-11-3 存款保險

交保費

中央存款
保險公司

賠付最高300萬台幣

$ 存款

銀行

客戶 1

客戶 2

動動腦

❶ 擠兌是銀行面臨的系統風險還是非系統風險？理由是？

❷ 銀行如何應對擠兌風險？

❸ 存款保險的保險費，為何是銀行交，而不是存戶交？

10-12　黑天鵝領域與重大財務風險事件

　　前列「財務風險管理的實施」各章，均屬常態環境下的財務風險管理。然而，在塔里布 (Taleb, N. N.) 所稱的黑天鵝環境領域，前面所提的內容，塔里布不認為會管用，在黑天鵝領域裡，他所建議的管理心法值得留意。其次，近年來所發生的七大財務風險事件值得我們深思，同時也影響財務風險管理的未來發展。

一、黑天鵝領域的範圍

　　簡單說，大家認為很可能發生的事，沒發生；認為不可能發生的事，卻發生了，這就是黑天鵝現象。長久以來，大部分人對天鵝的印象是白的，有天突然看到天鵝是黑的，會作何感想？生活上，這種超乎預期與想像的事件，總偶而發生。根據塔里布的說法，我們生活的世界或環境可分四類：第一類就是二元報酬的常態環境。二元報酬就是事件的結果，不是真就是假，或不是生就是死，不是當選就是落選，股價不是漲就是跌等。第二類是複雜報酬的常態環境。複雜報酬就是預測事件結果的期望值。例如：預測火災損失期望值屬此類。再如：流行病期間的預期死亡人數也屬此類。第三類是二元報酬的極端環境。第四類是複雜報酬的極端環境。只有第四類是塔里布眼中的黑天鵝領域。

二、七大財務風險事件

　　近年來所發生的七大財務風險事件，寬鬆地說，都屬於黑天鵝事件，尤其美國 AIG 集團次級房貸引發的金融海嘯 (2008-2009)，更是大家身歷其境的黑天鵝風暴。這七大財務風險事件與市場風險、信用風險、流動性風險，以及不屬財務風險的作業風險和模型風險有關（見下表 10-12-1）。這七大財務風險事件分別是 MGRM 事件、美國橘郡事件、霸菱銀行事件、大和銀行事件、LTCM 事件、安隆事件與 AIG 次級房貸事件（事件的來龍去脈均可上網搜尋）。

三、黑天鵝領域風險管理心法

　　針對黑天鵝領域的風險管理，塔里布建議應該想辦法，從黑天鵝環境移入第三類環境，也就是用簡單代替複雜。他建議的重要心法，同樣可套用在財務風險管理領域，此處節略部分如下：第一、改變曝險情形；第二、在黑

天鵝領域別相信任何模型；第三、別把沒有波動性與沒有風險混為一談；第四、要小心任何風險數字的表達；第五、要讓時間決定個人績效；第六、避免最適化，學習喜歡多餘；第七、避免預測小機率事件的結果；第八、小心極端罕見事件的非典型性。

四、財務風險管理的未來

　　針對近年來的金融黑天鵝，職業道德與倫理是不容忽視的。其次，作者認為未來財務風險管理的發展，應重視全面性風險管理（市場上已有金融業用的 ERM 軟體）與行為財務模型的建置，並藉由財務工程科學研發新金融商品，以滿足新的需求。

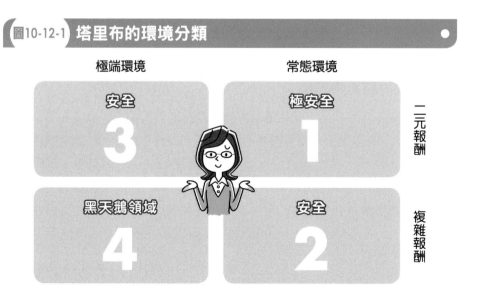

圖10-12-1　塔里布的環境分類

圖 10-12-1 中「安全」的意思，是指過去所學風險管理模型方法，可放心使用，能獲得財富與健康安全的結果。而黑天鵝領域就該放棄過去所學。

表10-12-1　七大財務風險事件涉及的風險類別

風險事件	市場 風險	信用 風險	流動性 風險	作業 風險	模型 風險
MGRM* 事件	V		V	V	
美國橘郡事件	V			V	
霸菱銀行事件	V			V	
大和銀行事件	V			V	
LTCM** 事件	V	V		V	V
安隆事件	V			V	
AIG*** 次級房貸事件	V	V	V		

*MGRM = Metallgesellschaft Refining and Marketing；
**LTCM = Long Term Capital Management；
***AIG = American International Group；
**** 七大財務風險事件發生後，ERM 不能忽視，除美國智庫交易對手風險管理政策小組 CRMPG (Counterparty Risk Management Policy Group) 提出「系統風險控制：改革之路」（也就是 CRMPGIII 報告）報告外，市場上也出現三種 ERM 管理軟體（上網搜尋）：風險監測 (Risk Monitor) 模型、風險觀察 (Risk Watch) 模型，與風險智商 (Risk IQ) 模型。

動動腦

1. 《黑天鵝效應》(The Black Swan) 這本翻譯書，你是否看過？如看過，有何感想？
2. 有云「生活簡單就是美」，你認為符合《黑天鵝效應》書中所提的哲理嗎？
3. 即使科技發展神速，人真能掌控未來嗎？
4. 人類面對風險，謙卑好還是驕傲好？

案例學習篇

Chapter 11

案例學習

行業別太多，此處選擇金融保險業為服務業代表，資訊工業為製造業代表，說明行業特性不同，其管理風險的過程雖相同，但重點會不同。

一、損益兩平有別

金融保險業由於是服務業，創業所需的固定設備與辦公處所，遠低於資訊工業的需求。換言之，經營金融保險業的固定成本，通常低於經營資訊工業所需的固定成本。至於變動成本，兩個行業都會呈現隨業務量的增加而增加的現象。影響所及，金融保險業的損益兩平點，通常低於經營資訊工業的損益兩平點。換言之，經營銀行或保險公司達成損益兩平的時間，通常比資訊工業快。參閱下圖 11-1-1。

二、貝它係數有別

根據資本資產定價理論（參閱附錄 II），不同行業的貝它係數 (β) 會不同，也就是行業風險係數不同。即使同屬銀行業，投資銀行的行業風險 (1.2) 就高於零售銀行的行業風險 (1.1)。行業風險係數會影響資金成本的高低，而風險報酬高過資金成本時，組織才能創造利潤與價值。如果金融保險業的貝它係數 (β) 高過資訊工業，那麼金融保險業必須要有更高品質的風險管理，獲取更高的風險報酬，如此創造價值的機會才會大。

三、風險結構有別

行業別不同，本書所提的戰略風險、財務風險、作業風險與危害風險間的結構比重，也會不盡相同。大體言，作者認為資訊工業由於家數多於金融保險業，且產品競爭激烈，需推陳出新以滿足消費者的程度高於金融保險業，因此，戰略風險或許高過金融保險業。其他風險的比重，大體上，金融

保險業的財務風險，通常高於資訊工業，而資訊工業的危害風險，通常高於金融保險業。另外，即使同屬保險業的產壽險公司間，風險的結構比重也不同，例如：壽險業的財務風險高過產險業，產險業的核保風險高過壽險業。參閱下圖 11-1-2。

四、核心業務有別

金融保險業是風險中介行業，其核心業務即如何運用風險獲利，但資訊工業的核心業務則是其關鍵科技技術，如何轉嫁風險是其風險管理重點。

五、資本功用有別

金融保險業是風險中介業，採風險資本，政府監理有資本適足率的要求，功能重在吸收風險可能導致的損失，但資訊工業則採固定資本，顯然兩者間功能有別。

圖 11-1-2 是台灣在 2002 年根據 RBC 比例測算的產壽險業間風險結構比重。其次，其風險分類名稱與前頁文中所提雖有不同，但與前頁文中所提意旨雷同，例如：利率風險是財務風險。圖中顯示壽險業的利率風險比重高過產險業。

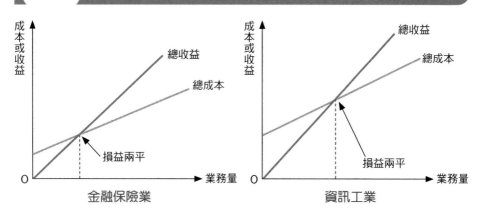

圖11-1-1 金融保險業與資訊工業間的損益兩平

金融保險業

資訊工業

圖11-1-2 產壽險業間的風險結構

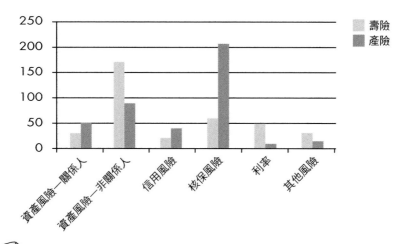

動動腦

1. 有云「男怕入錯行」,這有何風險管理的意涵?

2. 風險管理預算與風險結構比重有關嗎?

3. 資本管理與風險管理的整合,為何重要?

11-2 學習案例教訓

此處根據 Barton T. L., et al. (2002) 所著 *Making Enterprise Risk Management Pay Off* 一書，所顯示的六個案例彙總的十八項風險管理教訓，選擇其中十七項可同樣適用在財務風險管理領域的教訓，提供讀者們學習。

一、財務風險管理的教訓

第一、實施全面性風險管理完全按照標準範本操作制定，是不恰當的，因為每個組織文化不同，每個老闆的想法與支持程度不同。這同樣適用在財務風險管理中。

第二、在現今複雜又不確定的經營環境中，每個組織要取得有效的管理，務必採取很正式又積極投入的方式，識別所有可能的重大風險（這當然包括財務風險）。

第三、識別風險可採用各種不同的技巧，一旦被採用，識別風險的過程必須是持續且是動態的。這同樣適用在財務風險管理中。

第四、必須採用可以顯示風險的重要性、嚴重性與損失金額大小的某種標準，評級風險的優先順序與高低。這也同樣適用在財務風險管理中。

Cost Optimization

Cost Reduction

Tax Payment

Tax Online

第五、必須採用能顯示頻率或機率的某種標準，評級風險。同樣適用在財務風險管理中。

第六、必須採用最複雜的技巧工具衡量財務風險，例如：風險值與壓力測試。

第七、能滿足組織需求的複雜工具，也要能使管理階層容易了解。在財務風險管理中，可利用財務風險溝通技巧。

第八、要很清楚組織本身與股東等所有人的風險容忍度（這當然包括財務風險容忍度）。

第九、組織必須採取各種應對風險技巧的組合方式管理風險。同樣適用在財務風險管理中。

第十、關於各種應對風險的組合技巧必須是動態的，且要持續再評估。同樣適用在財務風險管理中。

第十一、假如存在獲利機會，組織必須尋求更有創意的方式應對風險。同樣適用在財務風險管理中。

第十二、組織管理風險必須採取全面性的方式。同樣適用在財務風險管理中。

第十三、假如有必要聘請顧問，顧問只能當諮詢，不能替代風險管理的工作。同樣適用在財務風險管理中。

第十四、全面性的管理風險比零散式的風險管理，成本低且更有效能。同樣適用在財務風險管理中。

第十五、組織決策必須考慮風險，這是全面性風險管理的要素。同樣適用在財務風險管理決策中。

第十六、風險管理的基礎建設，形式上雖各有不同，但卻是驅動全面性風險管理的主要因素。同樣適用在財務風險管理中。

第十七、老闆與高階管理層的重大承諾與支持，是全面性風險管理的先決條件。同樣適用在財務風險管理中。

二、風險管理的省思（也可適用在財務風險管理領域）

風險管理可有可無嗎？雖然理論上，風險管理對創造組織價值有貢獻，但實證上能真實證明其獨立貢獻程度的研究文獻並不多見。話雖如此，在風險社會的今天，現代組織經營沒有風險管理卻是萬萬不能，除了可讓老闆與

社會大眾心安，以及當財務危機或災難發生後組織活命機會較大外，國家公權力也漸漸拿風險管理問責說事（例如：對財務風險訊息揭露的要求），企業老闆就不得不留意。

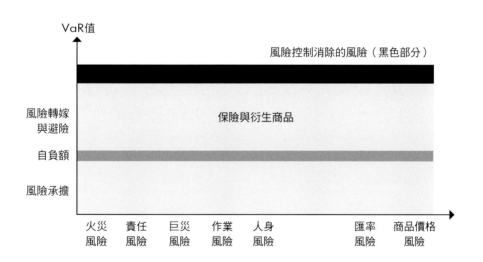

圖11-2-1　全面性風險管理 vs. 零散式風險管理

圖11-2-2 **財務風險管理可有可無嗎？**

當金融海嘯發生時，某些組織會措手不及。

動動腦

1. 想想企業老闆不在意風險管理的理由？

2. 現代的社會，為何企業經營需要風險管理？明明有了風險管理，企業也會倒閉。

3. 對財務風險管理而言，上述十七個教訓中，請依其重要性排序，並說明理由。

4. 財務風險管理中比起其他風險管理，應用數理模型特別多，為什麼？

11-3 台灣甲商業銀行財務風險管理[1]

一、銀行簡介

甲銀行距今三十年前正式營業,最初資本額為新台幣 100 億元,主要股東為台灣一些知名公司。距今二十四年前,該銀行股票掛牌上市。該行經由購併其他金融機構使其分行數暴增。該行現旗下有數家子公司。

二、風險治理架構

1. 董事會是風險管理之最高決策單位,負責核定全行風險管理政策,建立全行風險管理文化,對整體風險管理負最終責任。

2. 資產負債管理委員會及風險管理委員會由總經理為召集人,指定相關主管為委員,定期開會,負責掌理及審議全行風險管理執行狀況與風險承擔情形。

3. 風險管理處下設法金組、消金組,分別對法人金融、金融市場、個金(中小企業)、消金及信用卡等數位金融事業群之風險管理採直接管理。各事業群有關授信準則、程序、辦法、新產品開發、人員授權等,均先經由風險管理處審查,再行呈核,使本銀行風險管理具集中控制效果。

4. 稽核處定期查核全行風險管理有關業務,包括風險管理架構、風險管理運作程序等相關作業之實際執行狀況,並適時提供改進建議。

三、市場風險管理(另訂有銀行簿利率風險管理制度,該內容省略)

1. 市場風險管理策略與流程:(1) 發展健全之市場風險管理機制,以有

---

1 節錄的部分內容係來自公開網站,但基於保密原則,以甲銀行代替。

效辨識、評估、衡量、監控市場風險，兼顧所承擔之風險與合理報酬水準。(2) 依本行「金融市場自營交易業務授權準則」，針對不同業務設有交易員、交易室部位限額及停損限額，每日由專人進行檢視，損失達限額即應調整部位，避免市場風險。(3) 新產品及業務推展前，適當評估市場風險並考量其曝險額對本行之影響。

2. 市場風險管理組織與架構：中台風控人員隸屬風險管理處，獨立於前台交易及後台作業，監督交易活動有關風險管理機制之進行，並直接向非交易部門之管理階層報告。

3. 市場風險報告與衡量系統之範圍與特點：(1) 以市價或模型評價機制，正確評估部位損益情形。(2) 風險管理處對於全行之市場風險部位、風險水準、損益狀況、限額使用情形及有關市場風險管理規定之遵循狀況等，向管理高層提出報告及建議。(3) 建置適當資訊管理系統，以有效掌握整體交易部位資料之正確及完整。

四、信用風險管理（另有信用風險特定事項的管理辦法，該內容省略）

1. 業務模式如何轉換成銀行信用風險概況之組成項目：將業務轉換成授信組合管理資訊及風險報告，如同一人、同一關係企業、集團別、產業別、資產品質狀況，及授信限額使用等情形，以利為授信業務之績效評估，進而提供管理階層決策或制定政策之參考。

2. 定義信用風險管理政策及設定信用風險限額之標準及方法：(1) 信用風險管理政策包含徵信程序、核准權限、授信限額、授信核准程序、例外准駁狀況之處理、風險監控與管理、貸後覆審及追蹤、不良債權管理及契約文件管理等。(2) 信用風險管理限額設定與執行，以符合相關法令為前提要件，考量內外部經濟景氣循環變化及對整體授信組合內涵與品質可能影響性，定期檢視修正。

3. 信用風險管理與控制功能之架構與組織：(1) 董事會：本行信用風險之最高決策單位，依整體營運策略及經營環境，核定信用風險管理策略，確認信用風險管理有效運作並定期審核檢討。(2) 風險管理委員會：依董事會核定之信用風險策略，掌理信用風險管理機制，審議信用風險規範並溝通協調跨部門有關信用風險管理事宜，持續監督執行

績效。(3) 授信審議委員會：審議本行大額授信案件，該委員會之權責及運作方式，悉依本行「授信審議委員會設置辦法」辦理。(4) 風險管理處：分設法金組、消金組。法金組：負責法人金融授信案件事前審核、貸放後管理與授信相關規章之訂定及控管，執行信用風險管理監控工作。消金組：轄消金及信用卡授信審核、授信管理、債權管理、資訊／服務及客訴／自行查核等單位，負責授信規章訂定、案件審核與貸後管理、資產品質追蹤、逾期案件催理及異常案件管理等風險管理機制。(5) 稽核處：對信用風險有關業務每年至少應辦理一次查核，並適時提供改進建議。

4. 信用風險管理、風險控制、法令遵循以及內部稽核功能間的關聯性：
(1) 依循三道防線原則，業務單位為第一道防線，遵循外部法令及本行徵信、授信及信用風險管理相關規範，執行日常信用風險控管，並依規定及時陳報各業務主管單位或風險管理處。(2) 設置獨立於業務單位之風險管理處（第二道防線），依董事會核定之信用風險管理準則，掌理信用風險管理機制，審議信用風險規範並溝通協調跨部門有關信用風險管理事宜，執行信用風險管理監控工作；建立貸後管理制度，定期檢視授信戶信用狀況，含括對授信主體與擔保品變動因應及覆審追蹤；另透過授信預警制度，對於潛在之問題授信，及早採取對應措施。(3) 設置隸屬於總經理之法令遵循處（第二道防線），督導各事業群法令遵循執行計畫的擬訂及推動，提供遵循事宜之諮詢及指導等。(4) 稽核處（第三道防線）以獨立超然之精神執行稽核業務，對信用風險有關業務每年至少應辦理一次查核，並適時提供改進建議。

5. 對董事會及管理階層報告信用風險曝險與信用風險管理功能的範圍及主要內容：主要內容為全行逾放比及覆蓋率、授信資產品質、授信評等分布狀況、同一集團及行業別集中情形、對大陸地區之授信曝險額、信用衍生性商品交易對手曝險狀況等。

6. 銀行運用資產負債表的表內及表外淨額結算之政策與程序核心特色，及其運用程度：(1) 本行交易通常按總額交割，另與部分交易對手訂定淨額交割約定，或於出現違約情形時與該對手之所有交易終止且按淨額交割，以進一步降低信用風險。(2) 本行對於帳列無擔保授信項

目，若授信合約訂有保證、策略聯盟或擔保品條款，明確定義違約事件發生時本行得向保證人、策略聯盟對象或已轉讓予本行之債權求償，或對已設定予本行之擔保物逕行抵銷或處分，以降低授信風險。

7. 擔保品估價與管理之政策及程序的核心特色：訂定擔保品處理準則，規範可接受之擔保品以及其估價方式，確保當借款人或交易對手違約時，擔保品能被及時處分或為承受。

8. 信用風險抵減工具之市場或信用風險集中度資訊（如依保證人類型、擔保品及信用衍生性金融商品提供人）：本行信用風險抵減工具包含銀行存單、有價證券（如國庫券、公債、金融債券、股票、金融機構保證發行之公司債）及土地建物等不動產。於基準日，本行有擔保信用風險各擔保品別，占比為：不動產 54%、動產 5%、金融擔保品 6%、其他 1%；雖不動產占比高，惟對土地建物等擔保品價值依個案於每次續約時檢視之；上市櫃股票每日重估價，隨時監控擔保品價值變化。

五、流動性風險管理

1. 流動性風險管理策略與流程：本行為維持資產負債組合之流動性與收益性、確保支付能力，並維護銀行穩健經營與緊急應變能力，除遵循《銀行法》、《中央銀行法》法規及相關規定外，特訂定流動性風險管理準則，其中明訂有關風險辨識、衡量、監督及風險控制等流動性風險管理流程。

2. 流動性風險管理組織與架構：(1) 董事會：為流動性風險管理最高決策單位，依整體營運策略及經營環境，核定流動性風險管理政策，確保流動性風險管理機制有效運作。(2) 資產負債管理委員會：依董事會核定的流動性風險管理政策，掌理流動性風險管理機制，審議資產負債配置及結構，引導資金做最妥善運用。(3) 金融市場部：就日常資金流量及市場狀況之變動，採量化方式管理流動性風險，調整其流動性缺口，以確保適當之流動性；定期編製流動性報表向資產負債管理委員會報告及建議。(4) 風險管理處：訂定流動性壓力測試模型之假設情境，提報風險管理委員會，經核定後進行壓力測試，並將執行結果提報風險管理委員會。

3. 流動性風險報告與衡量系統之範圍與特點：本行編製台／外幣資產負債流動性管理指標及期差表，提報資金會議及資產負債管理委員會討論，並定期檢視流動性風險管理準則。

4. 資金策略，包括資金來源與資金天期分散的政策，以及資金策略係採集中或分權：(1) 依業務規模及特性、資產負債結構、資金調度策略及資金來源之多元性等，建立健全之流動性風險管理機制，以維持適足之流動性。(2) 監控不同法人、不同業務及不同貨幣間之流動性曝險及資金需求，並依保守穩健原則建立資金調度策略，有效分散資金來源及期限。(3) 參與資金拆借市場，並與資金提供者保持密切關係，維持各項籌資管道之暢通，以確保資金來源的穩定性及可靠度。(4) 定期檢視大額資金來源與運用及其集中度風險，且建立適當之控管或分散措施。(5) 由資產負債管理委員會建立妥適流動性監控程序，並採行必要步驟，定期呈報董事會。同時明訂管理流動性風險之執行單位及監督單位，執行單位就日常資金流量及市場狀況之變動，調整其流動性缺口，以確保適當之流動性；監督單位定期檢視執行單位執行過程之妥適性及有效性。

5. 流動性風險避險或風險抵減之政策，以及監控規避與風險抵減工具持續有效性之策略與流程：(1) 訂有「流動性風險管理準則」，並訂定量化指標／限額，流動性風險曝險如逾越限額或指標目標值時，提報資金會議或資產負債管理委員會討論因應措施。(2) 本行另訂有流動性風險緊急應變計畫，明訂流動性不足時之危機處理應變方案。

6. 如何執行壓力測試之說明：

(1) 風險管理處將流動性壓力測試模型之假設情境提報風險管理委員

會，存款流失率假設採用銀行局監理審查原則列示，依整體市場環境存款流失率 5%，個別銀行特定事件危機存款流失率 10%，分別進行壓力測試。

(2) 經風險管理委員會核定後，由金融市場部執行，並將執行結果提報風險管理委員會。

7. 流動性緊急應變計畫之概要：

(1) 運作準則及啟動時點：因流動性風險管理指標超限或出現外部警訊，而使銀行資金於短期間出現巨量流失或短期融通資金管道關閉時，資金部門應通報金融市場事業群主管，並由金融市場事業群主管報告總經理，立即召集緊急應變小組，啟動危機處理程序，立即研擬應變措施。

(2) 緊急應變小組成員包括：總經理、執行副總經理、各事業群副總經理、金融市場事業群資金部門及其他總行相關單位等。

(3) 應變對策執行程序包括：①啟動緊急籌措資金計畫；②公關單位發布必要聲明，持續對外溝通，穩固大眾信心；③各營業單位延長營業時間，提供現金提領；④業務單位洽請提早償還或暫停支付授信款項；⑤選擇重要客戶，指派重要幹部實地洽訪，爭取存款回存；⑥將經營危機發生原因、處理情形、每日提領數額及尚餘可動用資金等財務狀況，每日不定時匯報緊急應變小組；⑦向相關主管機關報告銀行流動性狀況；⑧大股東買回銀行股票。

(4) 平日嚴密監控流動性風險管理指標，並定期執行流動性壓力測試。

11-4 中國石油天然氣公司財務風險管理[1]

一、公司簡介

中國石油天然氣股份有限公司（以下簡稱「中石油」）是於 1999 年 11 月 5 日，在中國石油天然氣集團公司重組過程中按照《中華人民共和國公司法》成立的股份有限公司。2017 年 12 月 19 日，中國石油天然氣集團公司名稱變更為中國石油天然氣集團有限公司（變更前後均簡稱「中國石油集團」）。中國石油集團是中

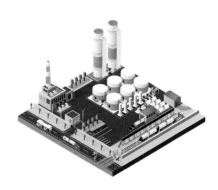

國油氣行業占主導地位的最大油氣生產和銷售商，是中國銷售收入最大的公司之一，也是世界最大的石油公司之一。集團主要業務包括：原油及天然氣的勘探、開發、生產和銷售；原油及石油產品的煉製；基本及衍生化工產品、其他化工產品的生產和銷售；煉油產品的銷售以及貿易業務；天然氣、原油和成品油的輸送及天然氣的銷售。中石油發行的美國存託證券、H 股及 A 股，各於 2000 年 4 月 6 日、2000 年 4 月 7 日及 2007 年 11 月 5 日，分別在紐約證券交易所、香港聯合交易所有限公司及上海證券交易所掛牌上市。

二、風險治理／公司治理結構

中石油董事會對建立和維護充分的內部控制與風險管理體系負責，並每年對公司內控體系進行評價。該內部控制體系旨在管理而非消除未能達到業務目標的風險，而且只能就不會有重大失實陳述或損失做出合理而非絕對的保證。中石油改革與企業管理部負責組織、協調內外部內部控制測試並督促改進，以及組織內部控制體系運行考核；建立起由業務人員日常自查、

---

1 經同意，本案例轉載自英國風險管理專業組織 IRM 委託湖北經濟學院風險管理研究中心的研究專案「中國組織全面風險管理手冊」。

企事業單位自我測試、管理層測試及外部審計組成的「四位一體」監督檢查機制，通過持續監督與獨立評估相結合，確保內控體系有效執行。董事會設立審計委員會，作為下轄的專業委員會，向董事會彙報工作，對董事會負責並依法接受監事會的監督。為了規範董事會審計委員會的組織、職責及工作程序，確保公司財務資訊的真實性及內部控制的有效性，專門制定有《中國石油天然氣股份有限公司董事會審計委員會議事規則》，規定審計委員會由三至四名非執行董事組成，其中獨立非執行董事占多數；審計委員會設主任委員一名，由獨立非執行董事擔任；同時還對審計委員會委員的任職資質和人員調整做出了規定。審計委員會有監控公司的財務申報制度及內部監控程序的職責，其中包括評價內部控制和風險管理框架的有效性。

三、財務風險管理實踐

遵照上市地監管要求，中石油建立並有效運行了內部控制與風險管理體系，制定並發布了《內部控制管理手冊》等一系列內部控制管理制度，對公司生產經營控制、財務管理控制、資訊披露控制等進行有效規範，確保內控體系設計有效。中石油十分重視內控與風險管理體系建設及評估，定期向董事會和審計委員會彙報內部控制工作。獨立非執行董事西蒙・亨利先生在 2019 年第一次董事會上指出，公司內控體系完善，與美國 Sarbanes-Oxley 法案和 COSO 框架要求相符，內控體系完全支援公司規範運行，是符合國際標準的內控體系。中石油在其《2019 年年度報告》中重點披露了財務風險和資產風險的狀況，其中財務風險又被分解為市場風險、信用風險和流動性風險。

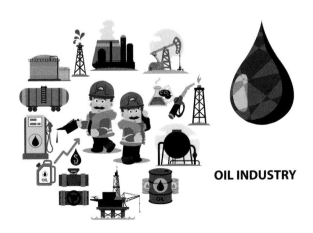

OIL INDUSTRY

1. 市場風險

市場風險指匯率、利率以及油氣產品價格的變動，對資產、負債和預計未來現金流量產生不利影響的可能性。

(1) 外匯風險：中石油在國內主要以人民幣開展業務，但仍保留部分外幣資產以用於進口原油、天然氣、機器設備和其他原材料，以及用於償還外幣金融負債。中石油可能面臨多種外幣與人民幣匯率變動風險。人民幣是受中國政府管制的非自由兌換貨幣。中國政府在外幣匯兌交易方面的限制，可能導致未來匯率相比現行或歷史匯率波動較大。此外，中石油在全球範圍內開展業務活動，未來發生的企業收購、貿易業務或確認的資產、負債及淨投資以記帳本位幣之外的貨幣表示時，就會產生外匯風險。中石油的部分子公司可能利用貨幣衍生工具來規避上述外匯風險。

(2) 利率風險：中石油的利率風險主要來自借款（包括應付債券）。浮動利率借款使中石油面臨現金流利率風險，固定利率借款使中石油面臨公允價值利率風險，但這些風險對於中石油並不重大。

(3) 價格風險：中石油從事廣泛的與油氣產品相關的業務。油氣產品價格受其無法控制的諸多國內、國際因素影響。油氣產品價格變動將對中石油產生有利或不利影響。中石油以套期保值為目的，使用了包括商品期貨、商品交換及商品期權在內的衍生金融工具，有效對沖部分價格風險。

2. 信用風險

信用風險主要來自於貨幣資金及應收客戶款項。中石油大部分貨幣資金存放於中國國有銀行和金融機構，該類金融資產信用風險較低。中石油對客戶信用品質進行定期評估，並根據客戶的財務狀況和歷史信用記錄設定信用限額。合併資產負債表所載之貨幣資金、應收帳款、其他應收款、應收款項融資的帳面價值，體現中石油所面臨的重大信用風險。其他金融資產並不面臨重大信用風險。

3. 流動性風險

流動性風險是指中石油在未來發生金融負債償付困難的風險。

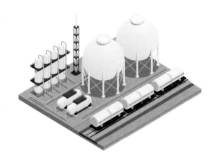

(1) 流動性風險管理方面，中石油可通過權益和債券市場以市場利率融資，包括動用未使用的信用額度，以滿足可預見的借款需求。鑒於較低的資本負債率以及持續的融資能力，中石油相信其無重大流動性風險。

(2) 資本風險管理方面，中石油資本管理目標是優化資本結構，降低資本成本，確保持續經營能力以回報股東。為此，中石油可能會增發新股、增加或減少負債、調整短期與長期借款的比例等。中石油主要根據資本負債率監控資本。資本負債率＝有息債務／（有息債務＋權益總額），有息債務包括各種長短期借款、應付債券和超短期融資債券。截至 2019 年 12 月 31 日，中石油資本負債率為 24.4%，2018 年同期為 22.7%。

4. 其他潛在財務風險因素分析

(1) 天然氣價格政策階段性調整

2020 年 2 月 22 日，國家發改委發布《國家發展改革委關於階段性降低非居民用氣成本支持企業復工復產的通知》，規定：按照

國家決策部署，統籌疫情防控與經濟社會發展，階段性降低非居民用氣成本。即日起至 2020 年 6 月 30 日，非居民用氣門站價格提前執行淡季價格政策，對化肥等受疫情影響大的行業給予更大價格優惠，及時降低天然氣終端銷售價格。中石油天然氣銷售收入和利潤會受到一定影響，但將繼續優化生產經營，推進可持續高品質發展。

(2) 國際原油價格大幅下跌

2020 年 3 月初以來，因石油減產聯盟未達成減產協議，加之世界經濟受疫情影響，前景不樂觀，國際原油價格大幅下跌。2020 年 3 月 9 日，北海布倫特原油和 WTI 原油期貨價格單日分別下跌 24.1% 和 24.6%。國際原油價格下跌，對中石油銷售收入和利潤產生不利影響，中石油將積極採取措施應對原油價格波動風險，努力保持生產經營穩健發展。

Appendix

附錄

大家都知道，丟一對骰子，點數和為2的或然率（又稱機率）是 1/36，但你可能不知道，首創以這種分數表示或然率的人是誰？其實他就是身為名醫，並且也是賭神的義大利人——卡達諾 (Girolamo Cardano)。這種用分數表示或然率的第一人雖然是卡達諾，但他卻不是後世或然率理論的創始人。卡達諾的名著《機會的遊戲》(The Book on Games of Chance)，提供了後世或然率理論創始的基因，因此我把卡達諾稱作或然率「爺爺」。或然率則是現代風險量化與管理的基礎，足見這位爺爺對後世風險管理發展的重大貢獻。

其次，大家也知道，文藝復興時代是什麼年代？它是大發現的年代，例如：哥倫布發現新大陸，哥白尼發動天體大革命，改變了人類的宇宙觀。它也是神權與人權面臨十字路口的年代。卡達諾就是在這年代出生於義大利米蘭，時約 1500 年。這位或然率爺爺到底是何許人？先看看他怎麼說自己。他在其自傳中得意洋洋地描述自己：「我脾氣暴躁、專心一志、放縱女色，同時也足智多謀、尖嘴利牙、工作勤奮、粗暴無禮、多愁善感、詭譎善變、花樣多端、卑鄙可恨、淫穢放蕩、逢迎諂媚、信口胡言。」——喜歡這種人嗎？不論喜不喜歡，總是應了一句話：「天生我才必有用」。

卡達諾是醫生，但嗜賭成性，作者稱其為賭神，伯恩斯坦 (Bernstein, P. L.) 則稱其為賭徒中的賭徒。卡達諾愛賭到你我難以想像的程度，根據他自己的說詞：「我簡直不好意思承認，根本就是每日無賭不歡，天天要上桌。」甚至對「賭」讚不絕口，他自己說：「賭可以解愁忘憂，天天擲骰子帶給我很大的安慰。」如此可知，作者為何稱他為賭神了吧。事實上，每個人均有

賭性，只是賭什麼內容，則依賭性而有所不同，有人賭婚姻、有人賭前途、有人賭錢；有人賭性強而豪賭，有人賭性弱而少賭。不管如何，每天起床後，我們便都在賭。就是這種天性，人類文明才能邁開大步進展。賭到現在，即使智慧機器人出現了，我們也還在賭。「智慧機器人會毀滅人類」，英國著名物理學家史蒂芬‧霍金 (Stephen William Hawking) 仙逝前做此斷言，你相信嗎？相不相信沒關係，我們就來賭一把。

取材自：Bernstein(1996). *Against the Gods: The Remarkable Story of Risk.*

附錄 II 資本市場理論

資本市場理論 (Capital Market Theory) 是用來檢視各類證券報酬與風險間的關係，以及投資者的資產選擇行為，其中最有名的財務模式，當推資本資產定價模式 (CAPM: Capital Asset Pricing Model)。此外，資本市場已成風險證券化 (Risk Securitization) 商品主要流通的市場，例如：巨災債券 (CAT Bond) 等。在

追求公司價值極大化的目標下，風險管理人員認識資本市場理論是必要的。

一、資本資產定價模式

在資本市場與無風險資產導入投資組合選擇的情況下，投資人何時可進入市場購買證券？從資本資產定價模式的個別證券風險與報酬間的關係可提供解答。資本資產定價模式的個別證券風險與報酬間的關係，可以數學式表示如下：

$$E(Ri) = Rf + βi(Rm – Rf)$$

該數學式的意涵是説投資組合中個別證券 (i) 的預期報酬 (E(Ri))，是由無風險報酬 (Rf) 與市場風險溢酬 (Rm – Rf) 所構成，而該證券的風險則由貝它係數 (βi) 所決定。進一步説，如貝它係數小於一，則該證券的系統風險會小於市場組合的風險；如貝它係數大於一，則該證券的系統風險會大於市場組合的風險；如貝它係數等於一，則該證券的系統風險會等於市場組合的風險。換言之，股市指數如上揚 5%，貝它係數等於一的證券，其行情價格也會上揚 5%；貝它係數小於一的證券，其行情價格的上揚會小於 5%；貝它係數大於一的證券，其行情價格的上揚會高於 5%。

最後，將預期報酬與貝它係數的關係，繪製於圖 A-1，則可得出證券市場線 (SML: Security Market Line)，亦即 CAPM 的圖形化。在市場達到均衡時，只要個別證券可提供的預期報酬超過證券市場線上的必要報酬，投資

人即可進場投資該證券。下圖中 SML 的斜率等於市場風險溢酬 Rm – Rf。

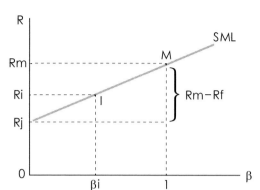

二、套利定價理論

　　套利定價理論 (APT: Arbitrage Pricing Theory) 與資本資產定價模式 (CAPM) 均是在說明個別證券預期報酬率與風險間的關係。CAPM 說明的是，在市場均衡的狀態下，個別證券預期報酬率是由無風險利率與 β 係數所決定，也就是預期報酬率受單因子 β 係數影響，且呈線性關係。然而，APT 則認為在市場均衡的狀態下，且非系統風險完全被有效分散時，個別證券預期報酬率是由無風險利率與多項因子決定。例如：工業活動產值、通貨膨漲率、長短期利率差額等，以數學式表示如下：

$$E(Ri) = Rf + b1(R1 – Rf) + b2(R2 – Rf) + ... + bn(Rn – Rf)$$

上式中的 b1...bn 類似 CAPM 中的 β 係數，(R1 – Rf) + (R2 – Rf) + ... + (Rn – Rf) 就是各多項因子提供的風險溢酬，與 CAPM 中的 (Rm – Rf) 概念雷同。

附錄 III 2017 年 COSO 全面性 風險管理原則的變化

2017 年 COSO 經過多年的醞釀，終於發布了新版的 ERM。新版 ERM 到底有哪些變化？是否真的是顛覆性變革？

一、名稱的變化

舊版：ERM - Integrated Framework

新版：ERM - Integrating with Strategy and Performance

舊版是「整合框架」，這裡的整合更強調的是 ERM 本身五要素的整合。新版則強調了 ERM 與戰略和績效的整合。需要特殊說明的是，在徵求意見稿中，用的是「Aligning」，而不是最終稿中的「Integrating」。Aligning 是對準和對齊的意思，Integrating 則有整合和融為一體的意思。

「融合」管理的本質就是要取得績效，任何管理工具都是一種手段而已。過於強調其中一種手段，就會陷入「盲人摸象」的困境。因此，在學習和使用任何管理理論時，都需要有融合的意識和實踐。

新版 ERM 更加強調（注意：不是新的理念，而是深化和突現）與戰略和績效的融合，是迴歸了管理的本質；同時，也對使用者提出了更高的要求：要從績效結果（或管理目標）去理解風險管理，而不是就風險管理談風險管理。

二、定義的變化

1.風險定義的變化

舊版：風險是一個事項將會發生，並給目標實現帶來負面影響的可能性。機會是一個事項將會發生，並給目標實現帶來正面影響的可能性。

新版：事項發生並影響戰略和業務目標之實現的可能性。

舊版 ERM 將事項區分為風險和機會。從「ERM 處理風險和機會，以便創造或保持價值。它的定義如下：……」的表述看，舊版 ERM 雖然也提到了對機會的把握，但總體上還是偏向對負面影響的控制。

新的風險定義將風險和機會等而視之，試圖讓風險管理者從被動防禦（控制）的心態轉變為主動出擊（管理）的心態，讓風險管理與價值創造的過程融為一體。

2. ERM 定義的變化

舊版：ERM 是一個過程，它由一個主體的董事會、管理當局和其他人員實施，應用於戰略制定並貫穿於企業之中，旨在識別可能會影響主體的潛在事項，管理風險以使其在該主體的風險容量之內，並為主體目標的實現提供合理保證。

新版：組織在創造、保存、實現價值的過程中賴以進行風險管理的，與戰略制定和實施相結合的文化、能力和實踐。定義趨於簡化，同時，更加強調風險管理與價值創造及戰略的關係。舊版 ERM 定義 ERM 是一個過程（過程即政策、流程、表單和系統）。新版則定義 ERM 是文化、能力和實踐。

三、展現形式的變化

1.「立方體」改「DNA 螺旋體」

這是視覺上最大的變化，也是 ERM 急於想擺脫 IC 框架影響的重要舉措。舊版 ERM 由於採用與 IC 類似的立方體模型，讓很多人誤解 ERM 只是 IC 的擴展和細化，始終不能擺脫 IC 的「陰影」。這次 COSO 是痛定思痛，希望藉著換模型，能讓 ERM 像 IC 一樣被廣泛認可和使用。新的 DNA 螺旋體與「整合」的意境更貼切。表現了風險管理與使命願景價值觀、戰略、營運和績效等管理要素的關係。

2. 要素—原則—屬性 (Components - Principals -Attributes) 的結構

COSO 早先在《財務報告內部控制 ── 較小型公眾公司指南（2006）》和《內部控制──整合框架（2013）》就採用了這種架構。新版 ERM 的核心內容為 5 要素，20 項原則。仔細比對新版 5 要素（治理和文化；戰略和目標設定；執行風險管理；評估和修正；資訊、溝通和報告）與原 8 要素（內部環境；目標設定；事件識別；風險評估；風險對策；控制活動；資訊和交流；監控）就會發現：沒有實質變化，僅僅是重新分類合併和文字表述差異；而且結合 20 項原則看，與 IC 的 5 要素更神似。

四、與 ISO 31000/31010 的比較

風險管理領域有一個 ISO 標準，即 ISO 31000/31010（中國大陸為 GBT 24353-2009）。下面為兩者的差異。

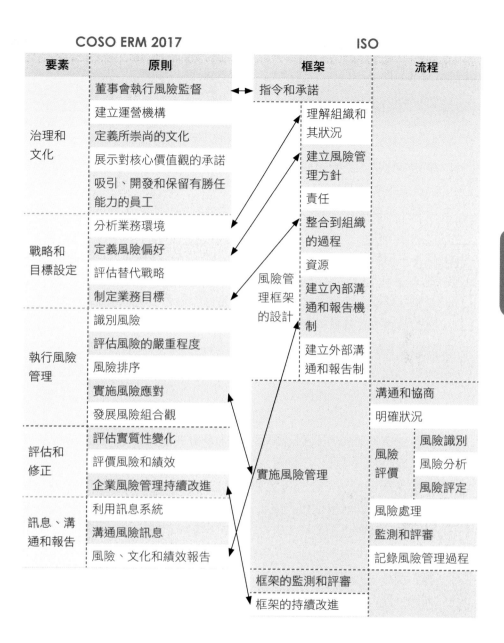

COSO ERM 2017			ISO	
要素	原則	框架		流程
	董事會執行風險監督	指令和承諾		
治理和文化	建立運營機構	理解組織和其狀況		
	定義所崇尚的文化	建立風險管理方針		
	展示對核心價值觀的承諾			
	吸引、開發和保留有勝任能力的員工	責任		
戰略和目標設定	分析業務環境	整合到組織的過程		
	定義風險偏好			
	評估替代戰略	資源		
	制定業務目標	建立內部溝通和報告機制	風險管理框架的設計	
執行風險管理	識別風險			
	評估風險的嚴重程度			
	風險排序	建立外部溝通和報告制		
	實施風險應對			溝通和協商
	發展風險組合觀			明確狀況
評估和修正	評估實質性變化	實施風險管理		風險評價：風險識別
	評價風險和績效			風險分析
	企業風險管理持續改進			風險評定
訊息、溝通和報告	利用訊息系統			風險處理
	溝通風險訊息			監測和評審
	風險、文化和績效報告			記錄風險管理過程
		框架的監測和評審		
		框架的持續改進		

從上表中，我們可以大致看到，這兩大風險管理模型在實質上並無本質差異，更多只是表述的邏輯和文字上的差異。

附錄 IV 財務風險管理所需的基本數理概念與其用途

1. 隨機過程與機率分配：未來資產價格的不確定都是個隨機變數，其產生的過程就是隨機過程，依隨機過程，某結果發生的機率得出的分布情況就是機率分配（參閱下述第 6 點）。

2. 母體平均數與變異數：用途廣泛，變異數的平方根就是標準差，常用來衡量風險。

3. 樣本平均數與變異數：由樣本推估母體，財務風險管理中也是用途廣泛。

4. 偏態與峰態：偏態係數可了解獲利與損失機會是否相等，兩者間是否有顯著差異。峰態係數可衡量風險集中的程度。

5. 共變異數與相關係數：常見於組合理論中的計算。

6. 常態分配、卡方分配、Student-t 分配、對數常態分配：衡量資產價值波動最常見的分配函數。

7. 信賴機率區間與信賴水準：信賴機率區間是利用機率分配描述未來事件發生機率區間的方法。信賴水準則是提供預測值，非區間的概念，財務風險管理領域中，信賴水準用得比信賴機率區間頻繁。

8. 蒙地卡羅模擬法：是一種數值研究方法，利用隨機取樣的方式，模擬數千數萬次隨機變數的機率分配，進而取得重要參數，例如：VaR 的推估、未來資產價格的變化等均可用到。

9. 迴歸分析：有簡單迴歸與多重迴歸分析，財務領域中，常需要解釋與預測變數，因而也經常要用到，例如：利率改變，債券價格的變化如何等。

10. 馬克勞林展開式：或稱馬克勞林級數，屬於泰勒展開式的一種。在非線性財務資產評價估計上，經常使用到，例如：選擇權等。

---

* 本附錄僅列示數理概念的名詞與用途，這些概念的數學統計表達方式均參閱各數學統計教材，在此不贅述。

附錄 V 風險管理主要網站（含財務風險管理網站）

1. http://www.sra.org
2. http://www.toxicology.org
3. http://www.ama-assn.org
4. http://www.aiha.org
5. http://www.acs.org
6. http://www.aaas.org
7. http://www.greenpeace.org
8. http://www.iarc.fr
9. http://www.iso.ch/
10. http://www.tera.org
11. http://www.who.ch
12. http://www.ceiops.org
13. http://www.eiopa.europa.eu/index_en
14. http://www.actuaries.org
15. http://www.iaisweb.org
16. http://www.aria.org
17. http://www.rims.org
18. http://www.risk.net/
19. http://www.captive.com
20. http://www.insurancenewsnet.com/
21. http://www.aria.org/rts
22. http://www.primacentral.org
23. http://www.nonprofitrisk.org
24. http://www.siia.org
25. http://www.iii.org
26. http://www.newspage.com/NEWSPAGE/cgi-bin/walk.cgi/NEWSPAGE/info/d16

27. http://www.insurancefraud.org
28. http://www.insure.com
29. http://aicpcu.org
30. http://scic.com
31. http://www.genevaassociation.org
32. http://www.egrie.org
33. http://www.theirm.org
34. http://www.airmic.com
35. http://www.theiia.org
36. http://www.coso.org
37. http://www.bis.org
38. http://www.isda.org
39. http://www.garp.org
40. http://www.iasc.org.uk
41. http://www.rmst.org.tw
42. http://www.tii.org.tw

國家圖書館出版品預行編目(CIP)資料

超圖解財務風險管理 / 宋明哲, 林旺賜著.
－－初版. －－臺北市：五南圖書出版股份有
限公司, 2023.07
　　面；　公分
　ISBN 978-626-366-142-4 (平裝)
　1.CST: 財務管理 2.CST: 風險管理
　494.7　　　　　　　　　　112008185

1N1A

超圖解財務風險管理

作　　　者 — 宋明哲、林旺賜

責 任 編 輯 — 唐　筠

文 字 校 對 — 許馨尹、黃志誠、許宸瑞

內 文 排 版 — 張淑貞

封 面 設 計 — 陳亭瑋

發 行 人 — 楊榮川

總 經 理 — 楊士清

總 編 輯 — 楊秀麗

副 總 編 輯 — 張毓芬

出 版 者 — 五南圖書出版股份有限公司

地　　　址：106臺北市大安區和平東路二段339號4樓

電　　　話：(02)2705-5066　　傳　　真：(02)2706-6100

網　　　址：https://www.wunan.com.tw

電 子 郵 件：wunan@wunan.com.tw

劃 撥 帳 號：01068953

戶　　　名：五南圖書出版股份有限公司

法 律 顧 問　林勝安律師

出 版 日 期　2023年7月初版一刷

定　　　價　新臺幣420元

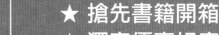

經典永恆‧名著常在

五十週年的獻禮——經典名著文庫

五南，五十年了，半個世紀，人生旅程的一大半，走過來了。

思索著，邁向百年的未來歷程，能為知識界、文化學術界作些什麼？

在速食文化的生態下，有什麼值得讓人雋永品味的？

歷代經典‧當今名著，經過時間的洗禮，千錘百鍊，流傳至今，光芒耀人；

不僅使我們能領悟前人的智慧，同時也增深加廣我們思考的深度與視野。

我們決心投入巨資，有計畫的系統梳選，成立「經典名著文庫」，

希望收入古今中外思想性的、充滿睿智與獨見的經典、名著。

這是一項理想性的、永續性的巨大出版工程。

不在意讀者的眾寡，只考慮它的學術價值，力求完整展現先哲思想的軌跡；

為知識界開啟一片智慧之窗，營造一座百花綻放的世界文明公園，

任君遨遊、取菁吸蜜、嘉惠學子！